全国高职高专无损检测专业规划教材

涡流检测

主　编　岳玉国
参　编　王　洋　岳　曲
主　审　任吉林

机械工业出版社

本书根据无损检测专业的教学标准编写而成，体系新颖、内容丰富、举例翔实。

本书共分7章，第1章概略地介绍了涡流检测的基本原理、概念；第2章是涡流检测专业所需要的电磁方面的基础知识；第3章详细地介绍了涡流检测的原理；第4~6章是涡流检测的硬件介绍；第7章介绍了涡流检测相关的标准；第8章为涡流检测工艺。

本书可作为高职高专院校无损检测技术、检测技术及应用、焊接质量控制等专业的教材，也可作为无损检测技术资格等级证书培训考核的参考教材以及相关工程人员的参考书。

本书配有电子课件，凡使用本书作为教材的教师可登录机械工业出版社教材服务网 www. cmpedu. com 注册后下载。咨询邮箱：cmpgaozhi@ sina. com。咨询电话：010-88379375。

图书在版编目（CIP）数据

涡流检测/岳玉国主编. —北京：机械工业出版社，2014.8（2025.1 重印）
全国高职高专无损检测专业规划教材
ISBN 978-7-111- 47463-0

Ⅰ.①涡… Ⅱ.①岳… Ⅲ.①涡流检验-高等职业教育-教材 Ⅳ.①TG115.28

中国版本图书馆 CIP 数据核字（2014）第 161399 号

机械工业出版社（北京市百万庄大街22号 邮政编码100037）
策划编辑：王海峰 责任编辑：薛 礼
版式设计：霍永明 责任校对：刘秀丽
封面设计：鞠 杨 责任印制：常天培
固安县铭成印刷有限公司印刷
2025年1月第1版·第2次印刷
184mm×260mm·9印张·212千字
标准书号：ISBN 978-7-111-47463-0
定价：32.00 元

电话服务	网络服务
客服电话：010-88361066	机 工 官 网：www. cmpbook. com
010-88379833	机 工 官 博：weibo. com/cmp1952
010-68326294	金 书 网：www. golden-book. com
封底无防伪标均为盗版	机工教育服务网：www. cmpedu. com

序

无损检测作为一门涉及声、光、电、磁、热、射线等诸多领域的交叉科学，在控制产品质量、保障设备安全和国计民生中发挥着重要作用。无损检测的主要功能是在不损坏被检对象的前提下，确定其特征和缺陷，以评价零件、构件和设备的完整性和使用性能，因此，它在航空、航天、机械、电子、化工、能源、建筑等工业领域中发挥着不可替代的作用。可以说，无损检测技术的发展水平标志着国家工业现代化的程度。随着我国质量战略的实施，无损检测在产品质量控制中所起的特殊作用越来越受到重视，它是降低成本、优化设计和加工工艺、确保产品质量、提高产品国际竞争力的重要保障。

近年来，我国无损检测专业的高职教育发展十分迅速，迄今为止，已有近30所高职高专院校开办了无损检测专业，每年为我国无损检测行业输送数千名在一线工作的生力军，成为我国无损检测高等教育的一支重要力量。但是，缺乏适合于高职高专使用的教材给人才培养带来一定的困难。

深圳职业技术学院无损检测专业积极推动我国无损检测专业高职教育的发展，近年来，在中国无损检测学会和全国机械职业教育教学指导委员会的支持下，先后发起并承办了全国高职高专无损检测专业教材工作会议、人才培养方案研讨会等活动。本套高职高专无损检测专业规划教材是在深圳职业技术学院和机械工业出版社的积极推动下，以深圳职业技术学院、辽宁机电职业技术学院、天津海运职业技术学院、常州工程职业技术学院、南昌航空大学、海军航空工程学院青岛分院等院校为主，联合学校和企业共同合作，按照2012年7月全国高职高专无损检测专业人才培养方案研讨会确定的精神编写的。

本套规划教材有《无损检测概论》、《超声检测》、《射线检测》、《磁粉检测》、《涡流检测》、《渗透检测》、《无损检测专业英语》、《无损检测技能实训》、《无损检测习题集》共九本。教材充分体现高职教育的特点，突出实际应用并注意吸收新技术。相信本套教材能为提高我国无损检测专业高职教育人才培养水平和促进我国无损检测事业的可持续发展发挥积极作用。

无损检测学会理事长 耿荣生

2013年1月25日

丛书序言

无损检测技术对避免事故、保障安全、改进工艺、提高质量、降低成本、优化设计等发挥着特别重要的作用，在航空、航天、机械、电子、化工、能源、建筑、新材料等工业领域的应用日益广泛。在我国工业现代化进程中，安全和质量意识深入人心，通过无损检测技术来保证安全和质量正逐渐成为社会的共识。

2000年以来，我国无损检测专业的高等职业教育发展很快，人才培养规模逐年扩大，近30所高职高专院校开办了无损检测专业，每年招生超过2000人。开设无损检测专业的学校数量以及招生规模均早已超过本科院校，每年为基层输送大量新生力量。可见，高职高专院校已成为我国无损检测行业在一线工作的无损检测员的主要来源。教材是人才培养的基本资源，是提高教学质量的根本保证。但是，迄今为止，缺乏一套适合高职高专使用的完整的无损检测专业系列教材，编写并出版这种系列教材迫在眉睫。

在2005年5月的第二届中国无损检测高等教育发展论坛上，中国无损检测学会教育培训科普工作委员会提出由深圳职业技术学院负责联合全国高职高专院校编写无损检测系列教材。2006年8月，由中国无损检测学会和机械工业出版社主办、深圳职业技术学院发起并承办的全国高职高专无损检测系列教材编写工作会议在深圳召开。2012年7月，由中国无损检测学会和全国机械职业教育教学指导委员会主办、深圳职业技术学院发起并承办的全国高职高专无损检测人才培养方案研讨会上，确定了高职高专无损检测专业的人才培养方案，为教材编写提供了指导。

本系列教材有《无损检测概论》、《超声检测》、《射线检测》、《磁粉检测》、《涡流检测》、《渗透检测》、《无损检测专业英语》、《无损检测技能实训》、《无损检测习题集》共九本。本系列教材是由来自我国主要的高职高专院校及部分企业资深学者和专家，按照高职高专无损检测专业人才培养方案编写的，全部教材的统筹、协调由晏荣明负责。

已故前任中国无损检测学会理事长姚锦钟教授对本套教材的编写非常支持，曾亲自到系列教材编写工作会指导。现任中国无损检测学会理事长耿荣生教授对本系列教材十分关心，亲自为系列教材作序。中国无损检测学会副理事长任吉林教授、华东理工大学屠耀元教授、中国无损检测学会教育培训科普工作委员会主任刘晴岩教授、全国机械职业教育教学指导委员会材料工程专业指导委员会主任管平教授也对本教材给予了鼓励和指导，在此一并致以诚挚的感谢！

本系列教材在编写过程中得到许多专家、学者的指导和帮助，也参考了现有国内外的文献和教材，特此致谢！由于无损检测涉及到的知识面很广，限于编者的水平，教材中的错误在所难免，恳请读者不吝赐教！

全国高职高专无损检测专业规划教材编审委员会

2013 年 1 月

前　　言

职业教育和培训是提高劳动者技能的重要手段，也是企业提高竞争力和促进就业率的迫切需要。在当前形势下，大力发展职业技术教育和培训尤为关键和突出。其中，无损检测技术在国民经济各部门中的重要性引起了人们的广泛关注和高度重视。

职业技术教育的特点是大力开展职业技能训练。目前，我国无损检测高等职业教育和培训尚无统一、配套的系列教材。

基于上述情况，编写合适的教材，以供职业教育和有关部门参考选用，既是一项紧迫而又重要的任务，又是无损检测教育、科普专业工作人员应尽的责任。本书就是为了满足这些要求而编写的。

本书主要作为高等职业院校无损检测专业和相关专业师生的教材以及无损检测人员进行系统培训、考核的参考教材，也可供从事工程设计、技术管理、质量管理、安全防护管理人员以及广大无损检测工作者阅读参考。

本书包括绪论、涡流检测基础知识、涡流检测基本理论、涡流检测线圈、涡流检测仪器、涡流检测设备和涡流检测应用、涡流检测标准以及涡流检测工艺等内容。其中，第3章涡流检测基本原理由岳曲编写，第4章涡流检测线圈、第5章涡流检测仪器、第7章涡流检测标准由王洋编写，其余内容均由岳玉国编写。

本书得以顺利完成，承蒙广大同仁的大力支持和帮助，在此表示衷心的感谢！

由于编者水平有限，书中错误或不妥之处在所难免，真诚地欢迎同行和广大读者批评指正。

编　者

目　录

第1章　绪　　论

涡流检测（Eddy current Testing，ET）是指利用电磁感应原理，通过测定被检工件内感生涡流的变化而引起的检测线圈（探头）阻抗的变化，来无损地评定导电材料及其工件的某些性能，或发现表面、近表面缺陷的一种无损检测方法。

电磁感应（Electromagnetic Induction）现象是指放在变化磁通量中的导体会产生电动势，此电动势称为感应电动势或感生电动势。若将此导体闭合成一回路，则该电动势会驱使电子流动，形成感应电流。

所谓涡流（Eddy current）是指电磁感应作用在导体内部感生的电流，又称为傅科电流。导体在磁场中运动，或者导体静止但有着随时间变化的磁场，或者两种情况同时出现，都可以造成磁力线与导体的相对切割，在导体中就会产生感应电动势，从而驱动电流。这样引起的电流在导体中的分布随着导体的表面形状和磁通分布的不同而不同，其路径往往有如水中的漩涡，因此称为涡流。

涡流检测的基本原理是，当载有交变电流的检测线圈靠近导电工件时，由于线圈磁场的作用，工件中将会感生出涡流（其大小等参数与工件中的缺陷等因素有关），而涡流产生的反作用磁场又将使检测线圈的阻抗发生变化。因此，在工件形状尺寸及探测距离等固定的条件下，通过测定探测线圈阻抗的变化，可以判断被测工件有无缺陷存在。涡流检测原理如图1-1所示。

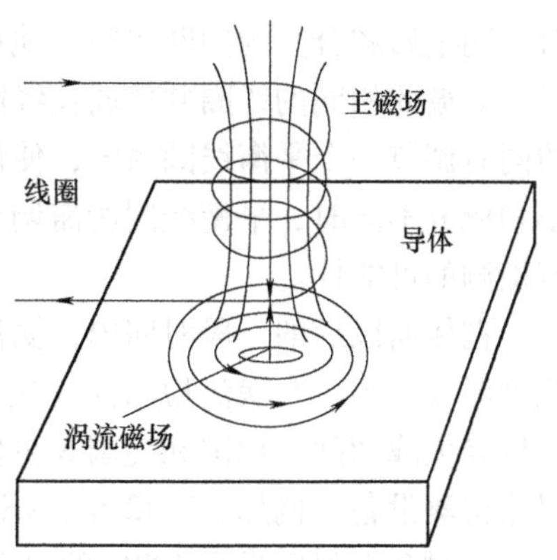

图1-1　涡流检测原理图

涡流检测的主要用途与影响涡流特性的因素如下：

1）无损探伤：缺陷形状、尺寸和位置。

2）材质分选：材料的电导率。

3）厚度测量：检测距离和薄板厚度。

4）尺寸检测：工件的尺寸和形状。

5）物理量测量（径向振幅、轴向位移及运动轨迹的测量）：工件与检测线圈间的距离。

和其他无损检测方法相比，涡流检测有如下几个方面的特点：

1）工作过程不是很繁杂，是五大常规检测手段（超声检测UT、射线检测RT、磁粉检测MT、渗透检测PT和涡流检测ET）中自动化程度相对较高的。对导电材料表面和近表面缺陷的检测灵敏度较高。

2）检测线圈不必与被检材料或工件紧密接触，不需耦合剂，检测过程不影响被检材料的性能。

3）应用范围广，对影响感生涡流特性的各种物理和工艺因素一般均能实施检测。

4）在一定条件下，能反映有关裂纹深度的信息。

5）可在高温、薄壁管、细线及零件内孔表面等其他检测方法不适应的场合实施检测。

6）对非导电材料无能为力，并且影响检测灵敏度的因素较多；检测形状复杂的零件时，工作效率低；难以对缺陷进行定性和定量。

涡流检测技术起源于早期电磁学的发现。早在1824年，加贝（Gambey）就发现：如果在悬挂着而且正在摆动的磁铁下方放一块铜板，磁铁的摆动会很快停止下来，从而在世界上第一个提出了电涡流存在的实验。随后，傅科（Foucault）在研究了电磁现象后指出：在强的不均匀磁场内运动的铜盘中有电流存在。因此，涡流在一段时间内叫做傅科电流。

1831年，法拉第在许多人进行的电磁实验的基础上，发现了电磁感应现象——变化的磁场能产生电场，并总结出电磁感应定律。他的这个发现不仅是整个电工学，也是整个电学的主要基础之一。用电磁感应现象从理论上解释加贝实验的现象，磁体很快停止摆动是由于金属中出现涡流而产生的结果，涡流则是磁场变化感生的感生电流。因此，电磁感应现象一直是用来阐述涡流实验基本原理所依据的重要的客观规律。

在电磁感应现象发现以后，人们通过不断努力，对电磁现象的实验研究和对电磁基本理论问题的数学分析都获得了巨大的进展。到1873年，麦克斯韦（Maxwell）系统地总结了前人有关电磁学说的全部成就并加以发展，得出了一组以他的名字命名的新的电磁方程组——麦克斯韦方程组，它严整地描述了一切宏观的电磁现象，是解决大多数电磁学问题的基本理论工具，也是分析涡流实验方法的理论基础。

有关涡流检测的实际应用是在1879年，休斯（Hughes）首先用感生电流的方法进行了对不同金属和合金的判断实验。他利用钟的滴答声在微音器产生激励信号，得到的电脉冲通过一对彼此相同的线圈并使放在线圈里的金属物体感生涡流。在用电话听筒谛听这个滴答声的同时调节一个平衡线圈系统，使话筒里的滴答声消失。休斯发现，当金属材料的形状、大小和成分不同时，平衡线圈所需调节的程度不同，从而揭示了应用涡流对导电材料和零件进行检测的可能性。

在休斯以后的一段时间内，涡流检测法一直发展缓慢。在20世纪20年代中期出现了涡流测厚仪，第一台涡流检测仪（用于检验焊接钢管质量）也于1935年研制成功。直到第二次世界大战期间，德国和美国等少数国家的研究单位和大型企业里才开始应用少量实用化的涡流检测设备。例如，1942年，德国的某航空工厂借助于西普研制的仪器对进厂的铝、镁合金管材和棒材料进行100%的自动化检查。由于这一时期各种实验参数对涡流检测的影响在理论上的研究还很不充分，未能找到抑制干扰因素的有效方法，因而没有从根本上取得有效的突破和改进。

1950~1954年，德国的福斯特（Foerster）博士发表了一系列论文，其中包括消除涡流仪中某些干扰因素的理论和实验结果，开创了现代涡流检测方法和设备的研究工作。从此，涡流检测技术有较快的发展并为生产检验所采纳，各种类型和用途的涡流仪器相继出现于国际市场。

我国的涡流检测技术应用主要是从20世纪60年代开始的。老一辈专家们在开展涡流理论研究、引进国外设备、研制国产设备以及培训技术人员等方面做了大量的开拓工作。20世纪80年代，在鞍钢首次应用涡流检测技术对铁磁性无缝钢管进行探伤获得了成功，接着高频焊管的探伤设备问世，使我国从非磁性材料的检测迅速扩展到黑色冶金行业，在不到三年的时间里，全国仅国产的钢管探伤设备就上马了几百台（套）。20世纪90年代初以来，我国在理论研究、设备研制、工业应用、人员培训、标准制定等各方面均取得了可喜的成果。其中，在理论研究方面，南京航空航天大学、南昌航空大学、清华大学等一大批高等院校对人工神经网络技术、三维缺陷阻抗图及远场涡流检测技术的研究有了很大的突破，甚至达到了国际领先水平。上海霍士德电磁设备有限公司、上海联合冶金检测装备有限公司、北京钢铁研究总院、北京有色金属研究总院、厦门爱德森电子有限公司、厦门涡流检测技术研究所及营口仪器厂等一大批科研单位和无损检测设备生产厂家为国内市场提供了多种类型的涡流检测用探头、仪器和设备。在国产设备研制中，涡流检测设备基本可划分为以下三类：

1）便携、袖珍式涡流检测仪表，如智能数字显示的电导仪、数字式测厚仪、数字式涂镀层测量仪、电磁感应分选仪、距离测量仪及探伤仪等。

2）以单频检测及正弦显示、阻抗分析和调制分析为基础的在线涡流检测设备。这类设备经过多年来在生产线上长期考验，技术性能得到不断的改进，在可靠性、操作性、价格成本上都有很大提高，日臻成熟。特别是这类设备所具有的高效探伤性能，在无缝钢管，焊接钢管，铜、铝管材和各种金属的板、棒、丝材的质量检验中得到了广泛的应用。

3）以低频、多频、多通道为检测手段的数字化智能涡流检测设备。这类设备成功地利用阻抗平面显示图形，形象地显示涡流检测信号的幅值和相位信息，成功地抑制了各种干扰，提高了涡流检测的可靠性和先进性。特别是4频8通道和8频56通道涡流检测仪器的出现，不仅在利用单个检测线圈来采集和区分多个频率信号的技术上，而且在数字自动平衡、多个检测线圈、多个频率的处理及差动与绝对线圈同时进行检测的信号拾取等技术上，以及在远场涡流的检测、涡流成像技术上都取得了突破性的进展，系统软件的功能也相当全面，有的已经达到国际同类设备的最高水平。

第2章　涡流检测基础知识

2.1　金属的导电性

1. 电学的基本概念

凡是有电荷的地方，其四周空间里的任何其他电荷都受力的作用，人们把这样的空间称为电场。因此，电场是一种特殊物质，电荷之间是通过电场这个特殊物质发生相互作用的。

设有一点电荷 Q_0 在真空中产生电场，另一试验电荷 Q 位于电场中某点 P，P 与点电荷 Q_0 之间的距离为 r。根据库仑定律，试验电荷 Q 所受的力为

$$F = \frac{Q}{r^2}Q_0 \tag{2-1}$$

即在真空中，两个点电荷间的相互作用力沿着它们之间的连线，大小相等，方向相反；作用力的大小与两个点电荷电量的乘积成正比，与两个点电荷之间距离的二次方成反比。

由此可见，$\frac{F}{Q_0}$是一个无论大小和方向都与试验电荷无关的矢量，它是反映电场本身性质的。把它定义为电场强度，简称场强，用 E 表示为

$$E = \frac{F}{Q_0} \tag{2-2}$$

所以，某处电场强度矢量的大小等于单位电荷在该处所受到的力，其方向与正电荷在该处所受电场力的方向一致。

在实用单位中，电场的单位是 V/m。

在电场中某 P 点的电位（电势）U，在数值上等于放在该点的单位电荷的电位能 W_P/Q_0（或等于单位正电荷从该点移到无限远处时电场力所做的功 A），即

$$U = \frac{W}{Q_0} \tag{2-3}$$

U 是与试验电荷无关的量，它反映了电场本身的性质。

电位的单位是伏特（V），电荷量的单位是库仑（C），电位能的单位是焦耳（J）。

a 点和 b 点间的电位差，等于单位正电荷由 a 点移动到 b 点时电场力所做的功 A_{ab}，用 U_{ab}表示。

$$U_{ab} = \frac{A_{ab}}{Q_0} \tag{2-4}$$

$$U_{ab} = U_a - U_b$$

$$A_{ab} = W_{ab} = Q_0(U_a - U_b) \tag{2-5}$$

式（2-5）说明，在静电场中，电荷从一点移到另一点时电场力所做的功等于电荷与这

两点电位差的乘积。

在式（2-5）中，若 $U_a > U_b$，且 $Q_0 > 0$（或 $U_a < U_b$，且 $Q_0 < 0$），则有 $A_{ab} > 0$、$W_{ab} > 0$，即从 a 点到 b 点电场力作正功，电位能减少。由此可见：

1）在电场力的作用下，正电荷从电位高的地方移向电位低的地方，而负电荷从电位低的地方移向电位高的地方。前者通常规定为电流的流动方向，后者为金属导体中电子的流动方向。

2）对正电荷来说，电位高意味着电位能高；对负电荷来说，电位高意味着电位能低。

3）电荷在电场力的作用下，其电位总是趋于减小。

2. 金属的导电性

自然界中的物体按照电荷在其中是否容易转移或传导可以分为导体、绝缘体和半导体。凡是能够迅速转移或传导电荷的物体叫做导体，如金属，石墨等；几乎不能转移或传导电荷的物体叫做绝缘体，如橡胶、玻璃等；而介于两者之间的物体叫做半导体，如硅、锗等。

任何物质都由分子组成，而分子由原子组成，原子由带正电的原子核和带负电荷的电子组成。电子受到原子核的引力束缚，在原子核的周围按照一定的规律（例如能量最低原理、泡利不相容原理等）分层排列，围绕着原子核作旋转运动。但是，在金属中，最外层的电子数比较少，受原子核的引力小，很容易挣脱原子核的束缚而成为自由电子。所以，在金属中存在着大量的自由电子。在一般的状态下，自由电子不断地作不规则的热运动，不断地和金属点阵碰撞，各个方向上的平均速度为零。从宏观上看，电荷不能作有规则的定向运动，金属中并没有电流流过。如果在金属的两端提供电位差，就会在金属中产生电场，于是自由电子在这个电场的作用下就会从低电位移向高电位，从而形成电流。由于在金属中自由电子的数量多，很容易发生电荷的移动，因此，金属容易导电。

实验证明，沿着一段金属导体流动的电流与其两端的电位差（即电压）成正比。这就是著名的欧姆定律，即

$$I = \frac{U_1 - U_2}{R} = \frac{U_{12}}{R} \tag{2-6}$$

式中　R——这段导体的电阻，单位是 Ω。它表征了这段导体对电流通过的阻碍作用，与导体的材料及几何形状有关。

对于给定的材料，它的电阻（R）与长度（L）成正比，与横截面面积（S）成反比，即

$$R = \rho \frac{L}{S} \tag{2-7}$$

式中　ρ——材料的电阻率，单位是 Ω · m，仅与导体材料有关。显然，导体的电阻率是很小的。

电阻率的倒数（$1/\rho$）称为电导率，用 σ 表示，是用来评价材料导电性能的另一个物理量。它的单位是 S/m。

一般在工程应用中，电导率的常用单位是 $m/\Omega \cdot mm^2$ 和 IACS 单位（国际退火铜标准单位）。IACS 单位规定的经过退火的、非合金化的铜（电阻率为 $1.27 \times 10^{-8}\Omega \cdot m$）的电导率作为 100%IACS，而其他金属的电导率则用它的百分率表示。例如，电阻率为 ρ_x（$\times 10^{-8}\Omega$

·m）的金属，如以 IACS 单位表示，其电导率可由下式求得

$$\sigma=\frac{1.724}{\rho_x}\times 100\% \tag{2-8}$$

金属是由原子按照一定规则的格子整齐排列结晶而成的，这种规则的格子叫做晶格。自由电子在电场的作用下，获得加速作定向运动中，由于不断地与原子碰撞以及它们之间的相互碰撞，速度会减慢，因此，对于电流的通过存在着一定的阻力，这种阻力就叫做电阻。

由于金属电阻是由自由电子的碰撞引起的，因此，当金属内原子按规则整齐排列时，电子受到的碰撞次数减少，电阻也相对降低（即电阻率小，电导率高）。单晶或是经过充分退火的高纯度金属，晶格规则，属于这种情形。相反地，如果在金属中掺入杂质而成为合金，晶格由于掺入杂质原子而变形，或者金属经冷加工、热处理后，由于存在内应力而使晶格变形，这时，电子受到的碰撞次数就增加，电阻率也会上升。

图 2-1 所示为纯铜加入少量杂质时电阻率变化的情形。从图上可以看出电阻率与杂质含量大体上是成比例增加的，并且随着杂质元素的不同电阻率的变化也不同。

对于固溶合金（杂质在基体金属中均匀分布），一般电阻率是随合金含量的增多而增大的。在含两种元素的合金里，如果一种元素的原子浓度为 P，则电阻率的变化正比于 $P(1-P)$。但是，当合金的原子以一定的比例排列成非常规的晶格时，电阻率会有极小值。图 2-2 所示为由 Cu 和 Au 组成合金的电阻率变化曲线。

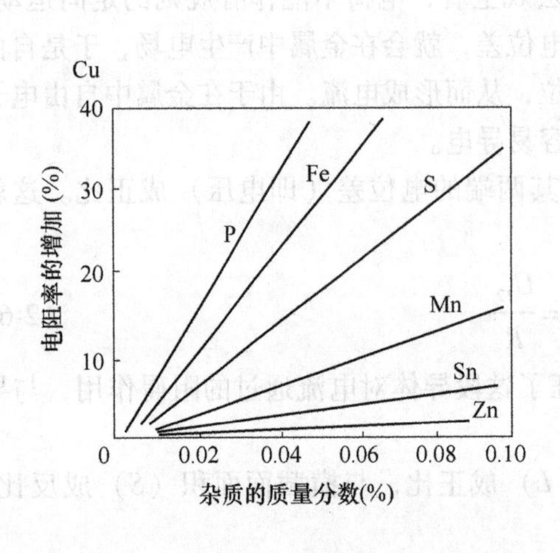

图 2-1 铜的电阻率随杂质含量的变化

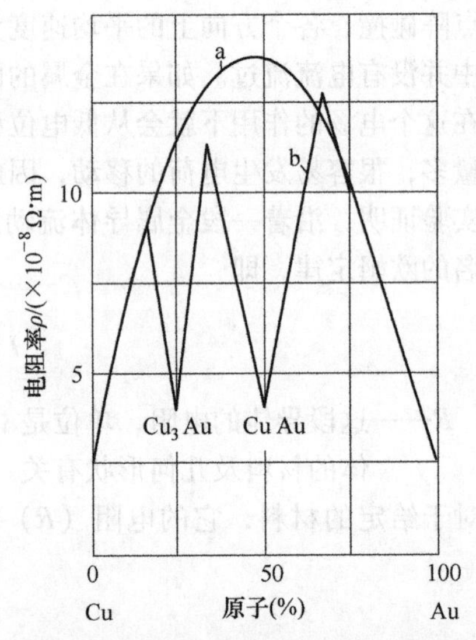

图 2-2 合金的电阻率变化曲线

图 2-2 中曲线 a 表示无序固溶体结构（即 Cu、Au 原子的置换无一定规律）淬火合金的电阻率变化曲线，曲线 b 表示有序固溶体结构（原子的置换遵循一定规律）淬火合金的电阻率，它表明在组成 Cu_3Au 和 CuAu 有序合金时电阻率出现极小值。

图 2-3 所示为金属（铜）冷加工时电阻率的变化曲线，电阻率随加工变形程度有所增大。然而，这种冷加工的金属在经过退火之类的高温长时间加热、消除了晶格变形之后，电阻率又可回到原来的低值。

相同材料在不同的热处理状态下，它们的导电性能也是有差异的。图 2-4 所示为 7050 硬铝合金在不同热处理状态时的电导率和硬度值。

其中，T_6 规范采用淬火和人工时效，T_{73} 是在 T_6 基础上附加一道补充时效，而 ω 是淬火后在室温时效 100h 以上。从图中可以明显地看出，热处理状态不同，它们的电导率有着显著的差别。

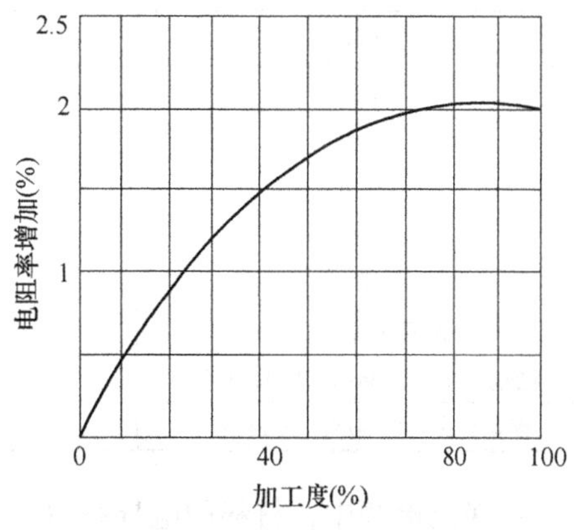

图 2-3　金属（铜线）冷加工时电阻率的变化曲线

金属的导电性同环境温度有关，当温度上升时，金属内晶格原子的热振动加剧，自由电子的碰撞机会增加，电阻率随之增大。在温度变化不大的范围内，电阻率的变化可以认为与温度差成正比。如果以 t_1、t_2（℃）分别表示变化前后的温度，ρ_1、ρ_2 代表变化前后的电阻率，则可以表示为

$$\rho_2 = \rho_1[1 + \gamma(t_2 - t_1)] \tag{2-9}$$

式中　γ——温度系数，与材料有关。

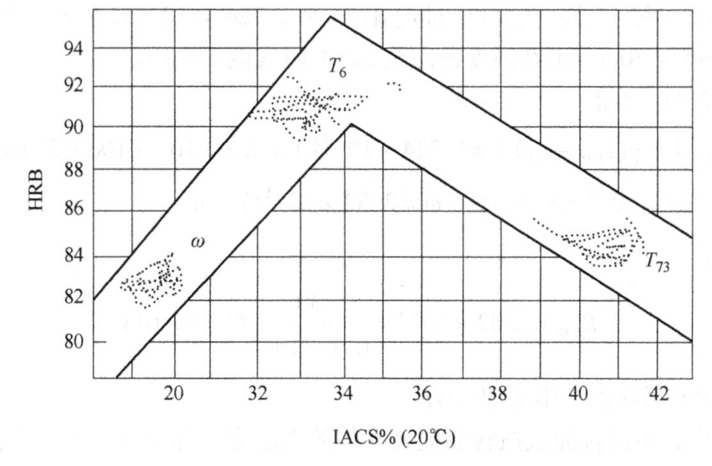

图 2-4　热处理状态、硬度与电导率的关系

表 2-1 列出了几种典型金属、合金的电阻率及温度系数。

表 2-1　几种金属合金电阻率及温度系数

材料	20℃时的电阻率 $\rho/\Omega \cdot m$	0～100℃内的温度系数 γ（1/℃）
银	1.58×10^{-8}	4.0×10^{-3}
铜（退火）	1.724×10^{-8}	4.3×10^{-3}
铝	2.66×10^{-8}	4.7×10^{-3}
钨	5.3×10^{-8}	4.6×10^{-3}
锌	5.95×10^{-8}	
铁	9.7×10^{-8}	5.0×10^{-3}
铅	20.7×10^{-8}	
汞	95.4×10^{-8}	8.8×10^{-3}
锡	11.3×10^{-8}	

（续）

材料	20℃时的电阻率 $\rho/\Omega\cdot m$	0～100℃内的温度系数 γ（1/℃）
金	2.21×10^{-8}	
锆	45.0×10^{-8}	
钛	89.0×10^{-8}	
镁	4.46×10^{-8}	37×10^{-3}
镍	6.8×10^{-8}	
碳钢（0.23C）	16.9×10^{-8}	$(1.5\sim5)\times10^{-3}$
锰铜合金（0.84Cu、0.12Mn）	48×10^{-8}	1×10^{-5}
镍铬合金（0.60Ni，0.15Cr）	110×10^{-8}	4×10^{-5}

在涡流检测中，材料的电导率（或电阻率）是一个很重要的物理量。许多检测应用都以电导率（或电阻率）作为检测变量。正是因为电导率（或电阻率）与试件材料的许多内在特性有着紧密的联系，因此，在检测时可以根据测得的试件电导率的变化来推断材料的有关工艺性能。

例 2-1 已知一铜线圈，在 20℃时电阻率为 $1.724\times10^{-8}\Omega\cdot m$，导线截面面积为 $0.1mm^2$，导线长度为 30m，求在温度提高至 100℃时线圈的电阻。

解：由式（2-9）可得

$$\rho_{100}=\rho_{20}[1+\gamma(t_{100}-t_{20})]=1.724\times10^{-8}[1+4.3\times10^{-3}(100-20)]\Omega\cdot m$$
$$=1.724\times10^{-8}\times1.344\Omega\cdot m=2.32\times10^{-8}\Omega\cdot m$$

又由式(2-7)可得

$$R_{100}=2.32\times10^{-8}\times\frac{30}{0.1\times10^{-6}}\Omega=69.6\Omega$$

所以，在 100℃时线圈电阻为 69.6Ω。

在弹性范围内，单向拉伸或扭转会提高导体的电阻率，并存在如下关系：

$$\rho=\rho_{os}(1+a_r\sigma) \tag{2-10}$$

式中 ρ_{os}——无负荷的导体的电阻率，其单位是 $\Omega\cdot m$；

a_r——电阻的应力系数；

σ——拉应力，其单位是 Pa（或 N/m^2）。

很明显，拉伸时应力使原子的间距变化造成电阻率的增加。

在常温下，铁的 a_r 值为 $21.1\sim21.3\times10^{-14}$。

在三向压应力下，对于大多数金属来说，电阻率降低，如果此时的电阻率用 ρ 表示，它和压应力间存在如下关系：

$$\rho=\rho_{os}(1+a_\varphi p) \tag{2-11}$$

式中 ρ_{os}——导体在真空中无应力情况下的电阻率（$\Omega\cdot m$）；

p——压力（N）；

a_φ——电阻的压力系数，为负值，即存在压应力时，电阻率降低，可用晶体点阵振幅减少来解释。铁的 a_φ 值为 -27×10^{-12}。

图 2-5 所示为铬合金的电阻率与挤压变形量的关系。

塑性变形可以使导体的电阻率增加，因为冷加工使点阵结构发生了畸变，自由电子在移动过程中受到碰撞的机会增多。以 ρ' 代表未加工时导体的电阻率，ρ'' 代表加工对电阻率的影响，则加工后导体的总电阻率 ρ 为

$$\rho = \rho' + \rho'' \tag{2-12}$$

值得注意的是，ρ'' 不受温度的影响，因而冷加工的导体在任何温度下，其电阻率都比未加工的同种导体大一个 ρ'' 值。而且，形变对电阻率的影响，在温度越低时，ρ'' 占的比例就越大。

冷加工后进行退火可以使导体电阻率降低，特别是经过较大的压缩之后。在 100℃ 退火后可看到明显的恢复。

金属铝、银、铜及铁在冷加工后，随着退火温度的升高，电阻下降，但当退火温度高于再结晶温度时，电阻反而又升高了，这是由于再结晶后新晶粒的晶界阻碍了自由电子的移动。

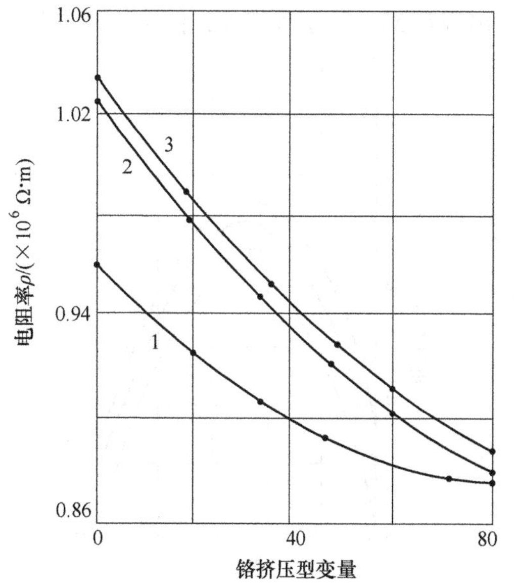

图 2-5　铬合金电阻率与挤压形变量的关系

图 2-6 所示为各种钢在不同回火温度时，电阻率的变化情况。从图中可知，不论哪一种钢，其电阻率均随回火温度的增加而降低。

合金的导电性与合金成分及组织有关，当一个合金形成固溶体时，一般的规律是电阻率增加。这是因为当在金属中溶入另一种元素的原子时，原来金属的点阵结构发生了畸变，从而增加了自由电子的碰撞次数，导致电阻率增加。含有不同杂质时，铜的电阻率变化如图 2-7 所示。

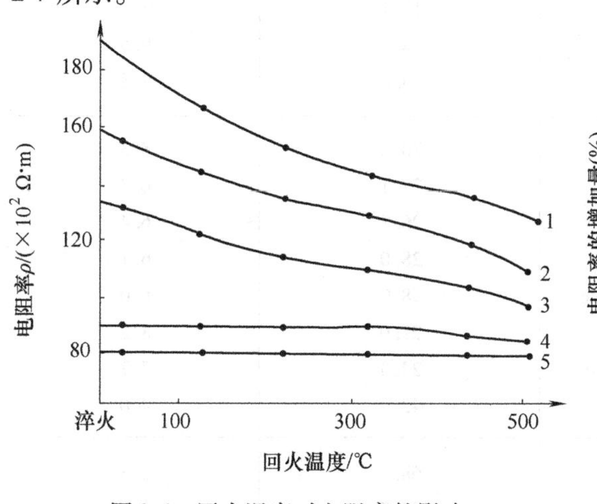

图 2-6　回火温度对电阻率的影响

1—0.58%C　2—0.46%C　3—0.35%C

4—0.28%C　5—0.015%C

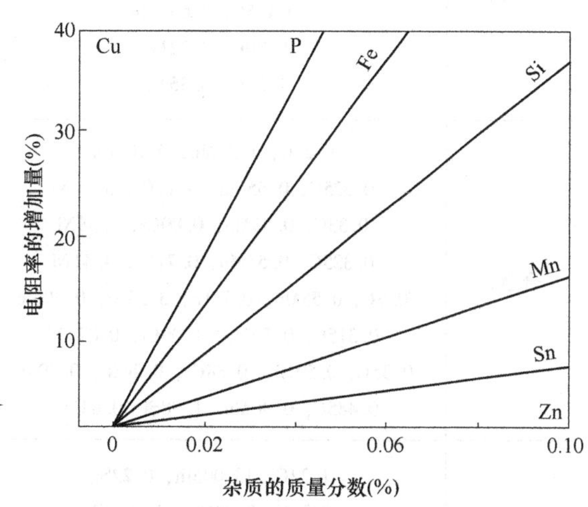

图 2-7　含有不同杂质时铜的电阻率变化

在二元合金中，最大的电阻率通常位于 50% 的原子浓度处，如图 2-8 所示，其最大值要

比纯金属的电阻率值高几倍。而铁磁性金属和顺磁性金属则有所不同，它们的最大电阻率不是出现在50%原子浓度处，而是出现在较高的浓度处，如图2-9所示。

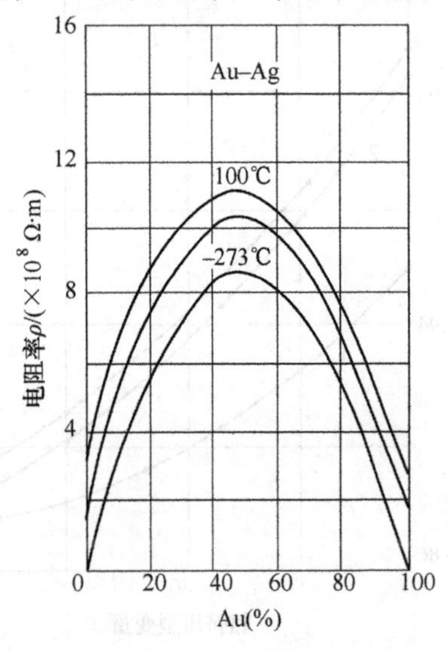

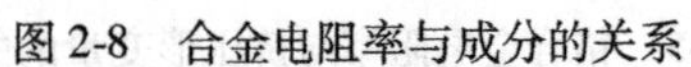

图2-8 合金电阻率与成分的关系

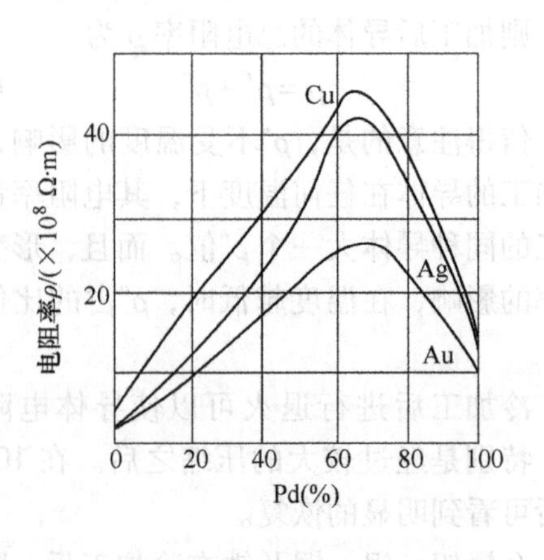

图2-9 合金电阻率与原子浓度的关系

表2-2给出了常用钢铁材料的电阻率和电导率。

表2-2 常用钢铁材料的电阻率和电导率（20℃）

钢 种	组 成	电阻率 ρ/（$\times10^{-6}\Omega\cdot cm$）	电导率/%IACS
碳钢	0.06C，0.38Mn	13	13.2
	0.08C，0.31Mn	14.2	12.1
	0.23C，0.635Mn	16.9	10.2
	0.415C，0.643Mn	17.1	10.1
	0.80C，0.32Mn	18.0	9.5
	1.22C，0.35Mn	19.6	8.8
合金钢	0.23C，1.51Mn，0.105Cu	20.8	8.3
	0.325C，0.55Mn，0.17Cr，3.47Ni	27.1	6.4
	0.33C，0.53Mn，0.80Cr，3.38Ni	26.8	6.4
	0.325C，0.55Mn，0.71Cr，3.41Ni	28.0	6.1
	0.3C，0.55Mn，0.78Cr，3.53Ni，0.39Mo	28.9	6.0
	0.315C，0.59Mn，1.09Cr，0.073Ni	21.0	8.2
	0.35C，0.59Mn，0.88Cr，0.26Ni，0.20Mo	22.3	7.7
	0.485C，0.90Mn，1.98Si，0.637Cu	42.9	4.0
高合金钢	1.22C，13.00Mn，0.22Si	68.3	2.5
	0.28C，0.89Mn，28.31Ni	84.2	2.0
	0.08C，0.37Mn，19.11Cr，8.14Ni，0.60W	71.0	2.4
	0.13C，0.25Mn，12.95Cr	50.6	3.4
	0.27C，0.28Mn，13.69Cr	52.2	3.3
	0.715C，0.25Mn，4.26Cr，18.45W，1.075V	41.9	4.1

2.2　正弦交流电路

1. 电流

（1）直流电　电流的大小和方向都不随时间的变化而变化，这样的电流叫做稳恒电流或简称直流电，可表示为

$$I = I_0 \tag{2-13}$$

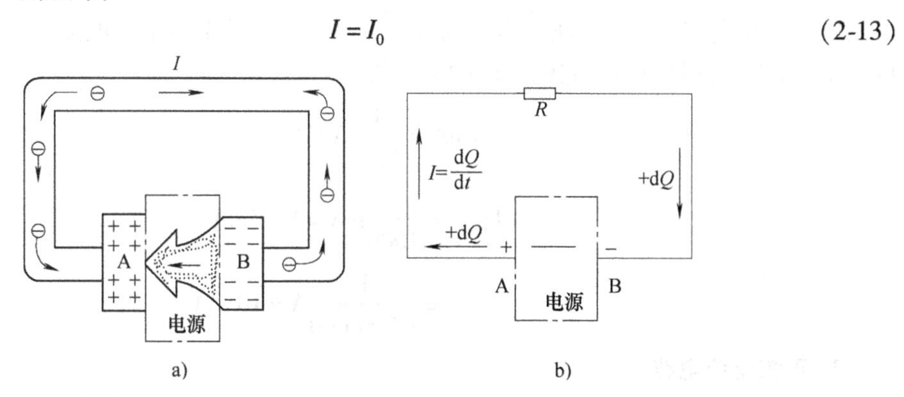

图 2-10　电源示意图

1）如图 2-10 所示，电源的作用是把正电荷从 B 处经电源内部移到 A 处，使导体内保持恒稳电场。

2）电源的电动势 $e = \frac{dA}{dQ}$，dA 是正电荷 dQ 从负极经电源内部移到正极时，电源克服静电所做的功。

在电流流动过程中，如果把每一瞬间到达导体 A 的负电荷不断地送回到导体 B 上（或者说，把到达导体 B 上的正电荷不断地输送到导体 A 上），那么就能保持 A 和 B 之间的电势差不变，也就是说，使金属导线内建立的电场保持不变，成为恒稳电场。在导体内的恒稳电场要靠电源来维持，并且在维持这种电场的同时电源要不断地做功，换句话说，恒稳电场是以消耗其他形式的能量来维持的。

（2）交流电　电流的大小和方向都作周期性变化的电流叫做交变电流或简称交流电，可表示为

$$i = I_m \sin\omega t \tag{2-14}$$

式中　ω——角频率，即发电线圈在磁极中匀速转动的角速度 ω（rad/s）；

t——时间（s）；

I_m——感生电流的最大值，又简称为电流的幅值。

交流电的变化每重复一次，习惯上称为交流电完成一次全振动。每秒钟交流电完成一次全振动的次数叫做交流电的频率，用 f 表示，单位是 Hz。

频率和周期互为倒数，即

$$f = \frac{1}{T} 或 T = \frac{1}{f} \tag{2-15}$$

交流电的角频率和周期、频率的关系为

$$\omega = 2\pi f = \frac{2\pi}{T} \tag{2-16}$$

我国发电站发出来的交流电的周期一般是1/50s，即频率等于50Hz，在1s内，电流的方向要改变100次，一般称为工频电流。

(3) 电流的单位　电流的大小以安培（A）为单位计量，简称安，用A表示。1A的电流等于1s内有1C的电荷量通过导线的截面。在供电系统中往往会遇到几安、几十安甚至更大的电流；在电信设备中，还经常会遇到千分之几安，甚至更小的电流。这时可用较小的单位mA或μA来计量电流。它们之间的关系为

$$1\text{mA} = \frac{1}{1000}\text{A} = 10^{-3}\text{A}$$

$$1\mu\text{A} = \frac{1}{1000}\text{mA} = 10^{-3}\text{mA}$$

$$= \frac{1}{1\,000\,000}\text{A} = 10^{-6}\text{A}$$

2. 正弦交流电路

(1) 正弦交流电流　大小、方向随时间按正弦规律变化的电流称为正弦交流电流（简称交流电流），波形如图2-11所示。

电流瞬时值i为

$$i = I_m \sin(\omega t + \varphi) \tag{2-17}$$

式中　φ——初相角（rad），决定正弦量起始位置；

ω——角频率（rad/s），决定正弦量变化快慢；

I_m——电流的最大值（幅值）（A），决定正弦量的大小；

t——时间（s）。

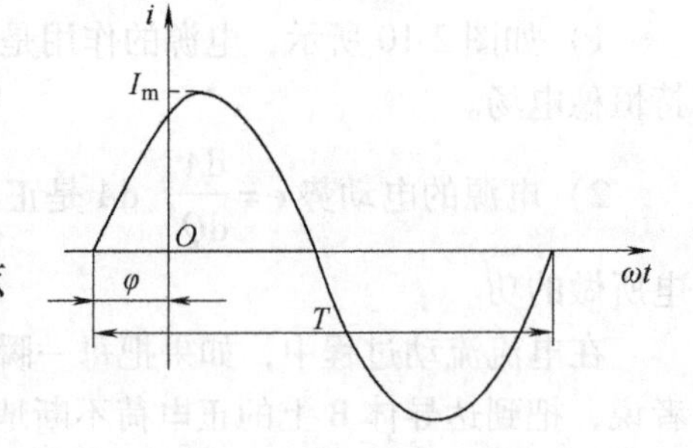

图2-11　正弦交流电流波形

幅值、角频率、初相角称为正弦量的三要素。

同样，电动势e和电压u的瞬时值为

$$e = E_m \sin(\omega t + \varphi) \tag{2-18}$$

$$u = U_m \sin(\omega t + \varphi) \tag{2-19}$$

正弦交流电瞬时值的表达式（2-17）中的（$\omega t + \varphi$）称为正弦交流电流的相位。$t = 0$的相位角称为初相位，简称初相。

两个同频率的正弦量的初相之差称为它们的相位差。相位差为零的两个正弦量称为同相。

(2) 交流电的有效值与平均值

1) 有效值。交流电的有效值是指在相同的电阻上分别通以直流电流与交流电流，经过一个交流周期时间，电阻上所损失的电能如果相等的话，则把该直流电流的大小作为交流电流的有效值。

正弦交流电的有效值为

$$I=\frac{I_{\mathrm{m}}}{\sqrt{2}}=0.707I_{\mathrm{m}} \tag{2-20}$$

同样，正弦交流电动势与电压的有效值 E 与 U 分别为

$$E=\frac{E_{\mathrm{m}}}{\sqrt{2}}=0.707E_{\mathrm{m}} \tag{2-21}$$

$$U=\frac{U_{\mathrm{m}}}{\sqrt{2}}=0.707U_{\mathrm{m}} \tag{2-22}$$

2）平均值。正弦交流电的电流波形正、负半周所包含的面积是相同的，这里所指的平均值是指一个周期内绝对值的平均值，也就是正半周的平均值。正弦电流的平均值为

$$I_{\mathrm{a}}=\frac{2}{\pi}I_{\mathrm{m}}=0.637I_{\mathrm{m}} \tag{2-23}$$

同样，正弦电动势和电压的平均值分别为

$$E_{\mathrm{a}}=\frac{2}{\pi}E_{\mathrm{m}}=0.637E_{\mathrm{m}} \tag{2-24}$$

$$U_{\mathrm{a}}=\frac{2}{\pi}U_{\mathrm{m}}=0.637U_{\mathrm{m}} \tag{2-25}$$

（3）正弦量的表示法　正弦量有以下几种主要表示法：三角函数表示法、波形表示法、旋转矢量法和复数符号法。

三角函数表示法与波形表示法比较直观，是基本的表示方法，但不便于分析运算，下面只介绍旋转矢量法和复数符号法。

1）旋转矢量法。旋转矢量法是用绕原点以角速度 ω 在平面上逆时针方向旋转的矢量来代替一个角频率为 ω 的正弦量，并以简单的矢量加减来代替繁复的正弦量加减运算的方法。它只能用于同频率的正弦量，它们的和或差也是同频率的正弦量。

正弦电流 $i=I_{\mathrm{m}}\sin(\omega t+\varphi)$ 可用通过原点、大小为 I_{m}、与 x 轴的初始角为 φ 的旋转矢量 I_{m} 来表示（见图2-12）。该矢量以角速度 ω 逆时针方向旋转，任意时刻在 y 轴上的投影即该正弦电流的顺时值。

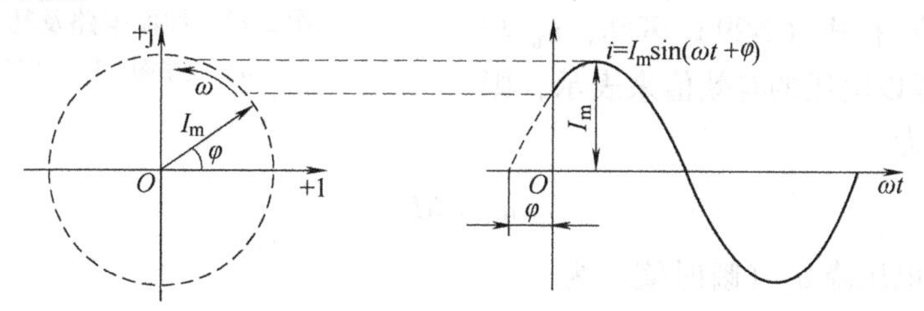

图 2-12　正弦量的旋转矢量表示法

2）复数符号法。复数符号法是利用复数量代替正弦量进行运算的。由于在一个稳态正弦交流电路中，各正弦量都是同一频率的，所以在进行分析时可暂不考虑 ω，只要确定电流

或电压有效值（或幅值）与初相就能确定该电路中的正弦量。一个代替正弦量的复数，它的模就是正弦量的有效值，它的幅角就是正弦量的初相。正弦量的复数可表示为

$$i=\sqrt{2}I\sin(\omega t+\varphi)\Leftrightarrow\dot{I}=I\angle\varphi \tag{2-26}$$

$$u=\sqrt{2}U\sin(\omega t+\varphi+\psi)\Leftrightarrow\dot{U}=U\angle\varphi+\psi \tag{2-27}$$

复数的四种表示方式如下：

①代数式：$A=a+\mathrm{j}b$。

$$\begin{cases}a=r\cos\psi & r=\sqrt{a^2+b^2} & \text{复数的模}\\ b=r\sin\psi & \psi=\arctan\dfrac{b}{a} & \text{复数的辐角}\end{cases}$$

②三角函数式：$A=r\cos\psi+\mathrm{j}r\sin\psi=r\ (\cos\psi+\mathrm{j}\sin\psi)$。

上述两种表示方式适用于复数的加减运算。

由欧拉公式

$$\cos\psi=\frac{\mathrm{e}^{\mathrm{j}\psi}+\mathrm{e}^{-\mathrm{j}\psi}}{2}\qquad\sin\psi=\frac{\mathrm{e}^{\mathrm{j}\psi}-\mathrm{e}^{-\mathrm{j}\psi}}{2\mathrm{j}}$$

可得

$$\mathrm{e}^{\mathrm{j}\psi}=\cos\psi+\mathrm{j}\sin\psi$$

③指数式：$A=r\mathrm{e}^{\mathrm{j}\psi}$。

④极坐标式：$A=r\angle\psi$。

上述两种表示方式适用于复数的乘除运算。

四种表示方式之间可相互转换，即

$$A=a+\mathrm{j}b=r\cos\psi+\mathrm{j}r\sin\psi=r\mathrm{e}^{\mathrm{j}\psi}=r\angle\psi$$

（4）电压矢量图　当一个线圈的电阻不能忽略时，在频率较低时它就是一个具有电阻 R 和电感 L 相串联的电路（见图 2-13）。电路中的交流电 i 为

$$i=I_{\mathrm{m}}\sin\omega t=\sqrt{2}I\sin\omega t \tag{2-28}$$

此电流在电阻两端产生的电压瞬时值为

$$u_{\mathrm{R}}=Ri=R\sqrt{2}I\sin\omega t \tag{2-29}$$

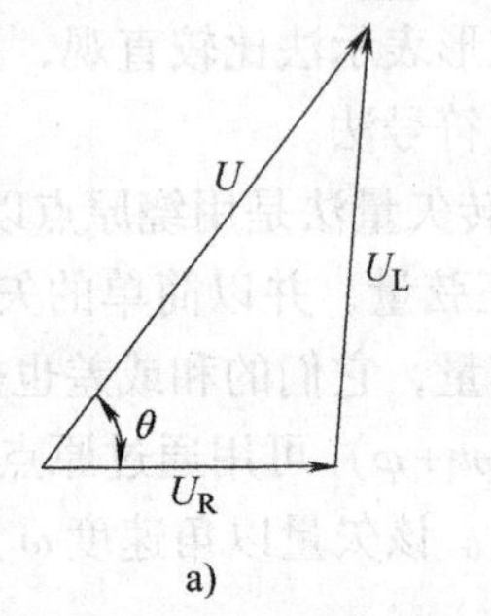

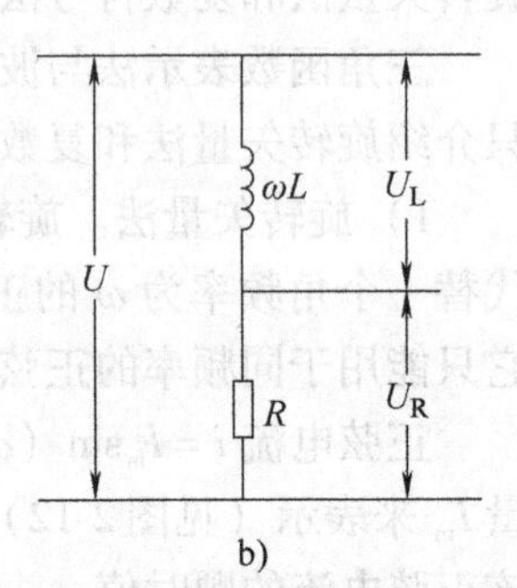

图 2-13　线圈电路及其矢量图

a）矢量图　b）电路图

从式（2-28）和式（2-29）可知，u_{R} 与 i 是同相的。如果以电压的有效值来表示，则式（2-29）可变为

$$u_{\mathrm{R}}=RI \tag{2-30}$$

电感两端的电压降 u_{L}（瞬时值）为

$$u_{\mathrm{L}}=L\frac{\Delta i}{\Delta t} \tag{2-31}$$

将式（2-28）代入式（2-29）得

$$u_L = \omega L\sqrt{2}I\cos\omega t = \omega L\sqrt{2}I\sin\left(\omega t + \frac{\pi}{2}\right)$$

由式（2-31）和式（2-28）可知，电感 L 两端的电压降 u_L 的相位超前电流 i 的相位$\frac{\pi}{2}$。同样，它的有效值为

$$U_L = \omega LI \tag{2-32}$$

式中　ωL——感抗（Ω）。

电感两端的电压的相位超前电流$\frac{\pi}{2}$，而电容两端的电压的相位滞后电流$\frac{\pi}{2}$。

图 2-13a 所示为具有电阻和电感线圈的电压矢量图，它表示电压 U、U_R 和 U_L 之间的关系。

（5）阻抗　图 2-13b 所示电路端电压的有效值为

$$\begin{aligned} U &= \sqrt{U_R^2 + U_L^2} = \sqrt{(RI)^2 + (\omega LI)^2} \\ &= \sqrt{R^2 + (\omega L)^2} \times I \end{aligned} \tag{2-33}$$

令

$$Z = \sqrt{R^2 + (\omega L)^2}$$

则式（2-33）可写为

$$U = ZI \tag{2-34}$$

式（2-34）称为交流欧姆定律，Z 称为交流电路的阻抗，单位为 Ω。

（6）阻抗矢量图　如果将图 2-13a 中各电压矢量 U、U_R、U_L 均除以电流 I，就得到 Z、R 和 ωL，如图 2-14a 所示。此矢量图也称阻抗矢量图或阻抗平面图。

图 2-13b 中 U 与 I 的相位差为 θ，由图 2-13a 及图 2-14a 可得

$$\theta = \arctan\frac{U_L}{U_R} = \arctan\frac{\omega L}{R} \tag{2-35}$$

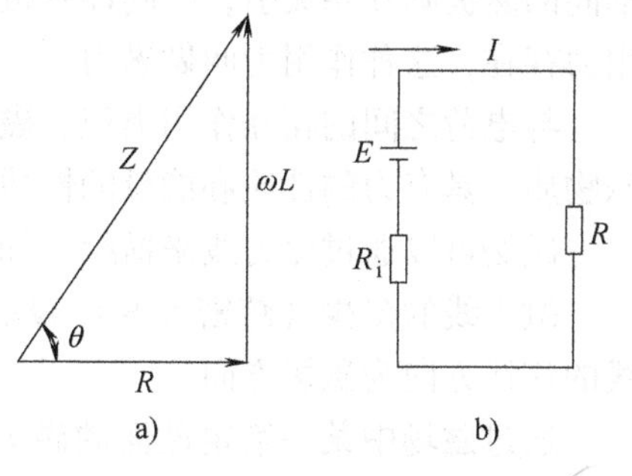

图 2-14　阻抗矢量图

3. 电功率

试验证明，电功率等于电压与电流的乘积。用公式表示为

$$P = UI \tag{2-36}$$

式（2-36）中，如果电压的单位为伏特（V），电流的单位为安培（A），则功率 P 的单位为瓦特，简称瓦，用 W 表示。

把式（2-36）中的电压 U 以 $U = RI$ 代入，则电阻 R 所消耗的功率可以表示为

$$P_R = I^2R \tag{2-37}$$

式（2-37）表明，对于一定的电阻 R，功率与电流的二次方成正比。

将式（2-36）中的 I 以 $I = \frac{U}{R}$ 代入，则电阻 R 所消耗的功率又可表示为

$$P_R = \frac{U^2}{R} \tag{2-38}$$

假定负载接在恒定的理想电源上，这时 $U=E$。如果仅根据式（2-38），负载电阻值越小，负载的功率就越大。但如果电源 E 串联了内阻 R_i，如图 2-14b 所示，情况就不同了，当负载电阻很大时，电路接近于开路状态；当负载电阻很小时，电路接近于短路状态。显然，在开路及短路两种状态下都不会获得最大功率。

为了找出负载获得最大功率的条件，对式（2-37）进行以下变换：

$$P=I^2R=\frac{E^2R}{(R+R_i)^2}=\frac{E^2R}{R^2+2RR_i+R_i^2+2RR_i-2RR_i}=\frac{E^2}{4R_i+\dfrac{(R_i-R)^2}{R}}$$

从这里可以看出，负载功率 P 仅由分母决定。其中，$4R_i$ 与负载电阻无关，$\dfrac{(R_i-R)^2}{R}$ 是非负数，如果负载电阻 R 恰好等于内阻 R_i，则 $R_i-R=0$，此时分母最小，负载功率 P 就达到最大值。$R_i=R$ 就是负载获得最大功率的条件，也称为阻抗匹配。

2.3 金属的磁特性

1. 磁学基础

磁铁能够吸引铁磁性物质是人所共知的磁现象。每一块磁铁都有两个磁极（磁性最强的地方），一个叫 N 极，一个叫 S 极。当把两块磁铁靠在一起时，相同的磁极会互相排斥；不同的磁极则互相吸引，即同性磁极相斥，异性磁极相吸。这说明磁铁的磁极之间有相互作用力存在，这种作用力叫做磁力。

与电荷之间的相互作用类似，磁力是通过磁场起作用的。磁场和电场类似，也是一种特殊物质，具有力的性质和能量的性质。

磁场可以通过磁力线来描绘，如图 2-15 所示。

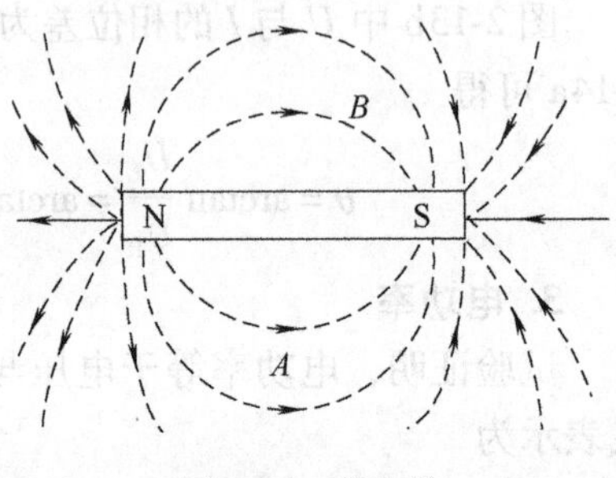

图 2-15 磁力线

磁力线的多少（疏密程度）表示磁场的强弱，磁力线的切线方向为磁场方向。

通过磁场中某一给定截面的磁力线的总条数称为通过该面积的磁通量，用 Φ 表示，单位是韦伯（Wb）。

通常用磁感应强度 B 来表征磁场的方向和大小，并规定磁场中某点的磁感应强度方向为磁场的方向，大小等于在该点垂直于磁场方向上单位面积内的磁力线条数。如果在垂直于磁场方向上取横截面 S，所通过的磁通量为 Φ，则磁感应强度大小为

$$B=\frac{\Phi}{S} \tag{2-39}$$

磁感应强度的单位是特斯拉（T）或韦伯/米^2（Wb/m^2）。

铁磁性物质经过磁化以后，它的内部状态发生了特殊的变化，磁极的出现就是这种特殊内部状态所显示出来的一种宏观效应。

关于铁磁性材料的研究证明了铁磁物质是由极多微小区域构成的，在这小区域内，各原子的磁化方向一致，因此，该小区域具有相当的磁性，这种自发磁化了的小区称之为磁畴。

磁畴虽然极小，仅在显微镜下可见，但每一区域仍含有10^{12}～10^{15}个原子，每个原子都是一个极小的磁性单元，可以称为原子磁体。由于原子核与电子之间有力的作用，这些原子磁体自发地相互平行排列，成为一个磁畴。图2-16所示为多晶体中的磁畴，图中每一磁畴里的各原子的磁化方向是一致的，每一箭头代表原子磁体的磁矩方向。

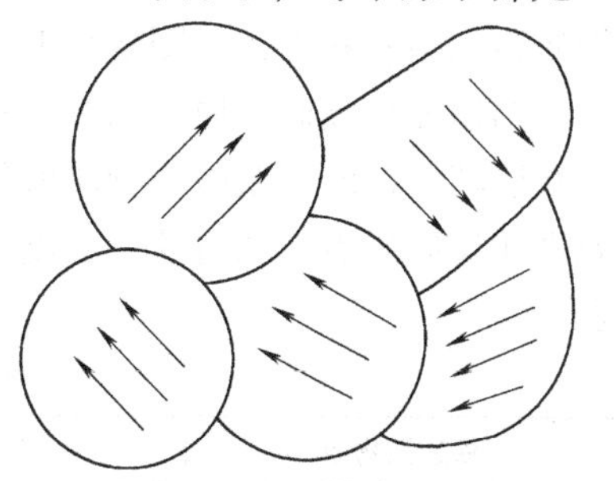

图2-16 多晶体中的磁畴

在铁磁性物质里，磁畴的排列并不是杂乱无章的。把几块条形磁铁（磁体）放在一起时，它们在相互作用下就力图转到一种位置，使异性磁极相对，这样的位置才是稳定的。例如四块条形磁铁排成四边形时，它们的位置才是最稳定的。图2-17所示为单晶体中常见的磁畴稳定排列情况，每个磁畴里的箭头表示磁畴的总磁矩或磁畴矢量的方向，也可说是从S极到N极的方向。

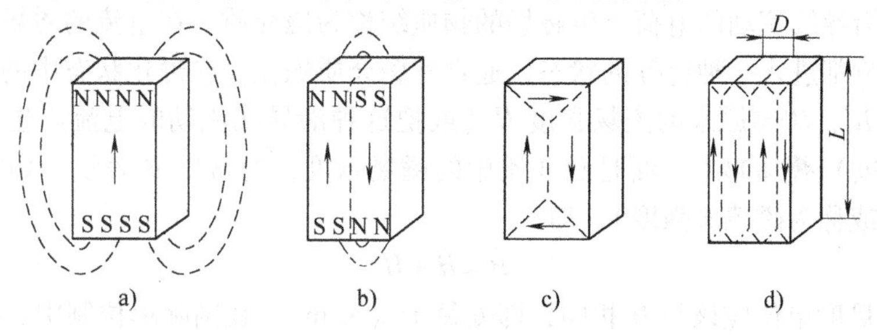

图2-17 单晶体中常见的磁畴

若把未磁化的试件（见图2-18a）放在外磁场中，那么各磁畴就能产生几种不同形式的变化。在弱磁场中，有如下两种变量：

1）各磁畴磁化方向的旋转，使磁化方向与外磁场方向更接近于平行。

2）磁畴边界的移动，磁化方向差不多平行于磁场方向的磁畴的容积扩大，而磁化方向与磁场方向成相当大角度的磁畴则相对缩小，如图2-18b所示。

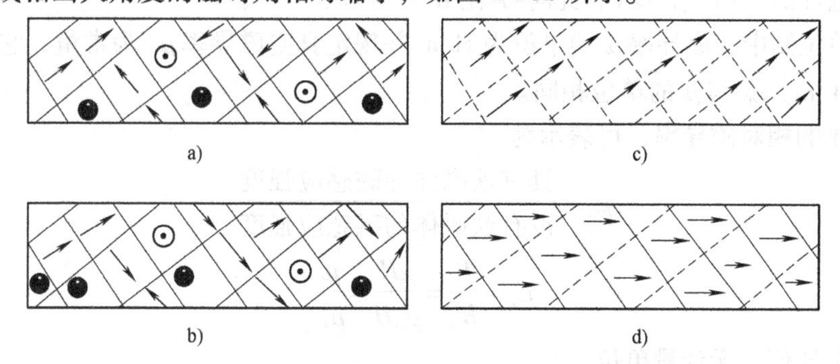

图2-18 在外磁场中，单结晶体中磁畴结构的变化

a）未磁化情况 b）部分磁化情况 c）突变完成 d）饱和情况

在比较强的磁场中，所有磁畴都突然旋转90°或180°，而几乎与外磁场方向一致的晶体轴平行，如图2-18c所示。

在很强的磁场中，所有磁畴的磁化方向都连续转到与外磁场方向平行的位置，最后全部物质达到饱和状态，如图 2-18d 所示。

当温度较高时，原子的热运动变得特别强烈，各原子磁体的平行排列被破坏，从而就不存在磁畴。这时，铁磁性物质就失去了铁磁性，变为顺磁性。铁磁性物质开始失去铁磁性的温度叫做居里点。超过这一温度后，磁畴迅速瓦解，磁性消失。一些铁磁性物质的居里点见表 2-3。

表 2-3　一些铁磁性物质的居里点

铁磁性物质	居里点/℃	铁磁性物质	居里点/℃
铁	769	铁、铬（10%）	740
钴	1118～1150	钆	16
镍（99.98%）	353～365		

凡能影响沿导线流动的电荷产生磁场的物质统称为磁介质。在电流的磁场中，任何磁介质受磁场的影响都进入一种特殊的状态，通常称磁介质磁化。在磁化状态中的磁介质产生附加的磁场强度 H'，H' 与原来的磁场强度 H（或把这种沿导线流动的电流产生的磁场强度称为外加磁场强度）叠加起来，便是磁介质中的磁场强度，通常以 B 表示，相量 $\dot{B}$ 叫做磁感应强度相量（或称为磁感应强度）。即

$$\dot{B} = \dot{H} + \dot{H}' \tag{2-40}$$

所以 $\dot{B}$ 的量度单位应该与 $\dot{H}$ 相同，即安每米（A/m）。在国际单位制中，磁感应强度的单位为 T，因此进一步可得出 $\dot{B}$ 与 $\dot{H}$ 的关系为

$$\dot{B} = \mu\dot{H} \tag{2-41}$$

式中　μ——介质的磁导率，即磁感应强度与产生磁感应的外部磁场强度之比。所谓磁导率，就是磁性物质导磁的能力。

对于顺磁性的物质，$\mu>1$，此时 $\dot{H}'$ 的指向与 $\dot{H}$ 的指向相同。

对于抗磁性的物质，$\mu<1$，此时 $\dot{H}'$ 的指向与 $\dot{H}$ 的指向相反。

对于铁磁性的物质，$\mu \gg 1$。此时 $\dot{H}'$ 比 $\dot{H}$ 大得多。

在国际单位制中，磁导率 μ 的单位为 H/m 并规定真空磁导率 μ_0 为常量，它的数值为 $\mu_0 = 4\pi \times 10^{-7}$H/m。$\mu_0$ 与 μ 的单位相同。

μ_r 为磁体的相对磁导率，可表示为

$$\mu_r = \frac{\text{具有铁磁体的磁感应强度}}{\text{没有铁磁体的磁感应强度}}$$

$$\mu_r = \frac{B}{B_0} = \frac{\mu H}{\mu_0 H} = \frac{\mu}{\mu_0} \tag{2-42}$$

μ_r 是一个比值，无计量单位。

铁磁性物质的相对磁导率见表 2-4。

铁磁性物质不仅具有很大的 μ 值，而且具有以下几个特点：

1）当磁场停止作用后，铁磁性物质仍能保持其磁化状态。

2）铁磁性物质磁导率 μ 不是一个常量，而是随着磁场强度 H 的变化而变化的。

磁感应强度 B 与磁场强度 H 之间的关系曲线如图 2-19 所示。该曲线称为物质的初始磁

化曲线。可以看出，开始增加 H 时，B 随之缓慢增加，它对应于可逆的磁畴壁的位移；随着 H 增加到较大的值时，B 迅速增加，它对应于不可逆的磁畴壁的位移；当 H 增加到较大的值时，B 值增加得很小，它对应于磁畴矩的转动。因为 $B=H+H'$，故在饱和时，H' 保持不变，而 B 只随着 H 的增加而直线增加。

表 2-4　部分抗磁性物质、顺磁性物质和铁磁性物质的相对磁导率

物质名称	相对导磁率 μ_r	物质名称	相对导磁率 μ_r
（抗磁性物质）		（铁磁性材料）	
铜	0.999 993	Fe-Co 合金	2000～6000
铅	0.999 847	工业纯铁	5000～7000
玻璃	0.999 99	高纯度铁试样	280000～1450000
（顺磁性物质）		Fe-Si 合金	10000～20000
铅	1.000 021	Fe-Ni 合金	15000～300000
铂	1.000 264	钴	245
氧	1.000 001 8	电解镍	2400
硬橡胶	1.000 014	铸铁（片状石墨）	355
奥氏体钢（不含 δ 铁素体）	1.001～1.1	铸铁（球状石墨、珠光体）	554
奥氏体钢（含 5% δ 铁素体）	约 1.3	铸铁（球状石墨、铁素体）	1400

磁导率 μ 与 H 之间的关系是：最初 μ 迅速地随着磁场的增大而增大，达到一定值后开始减小，当磁场强度 H 的值很大时，μ 接近于很小的数值，如图 2-20 所示。

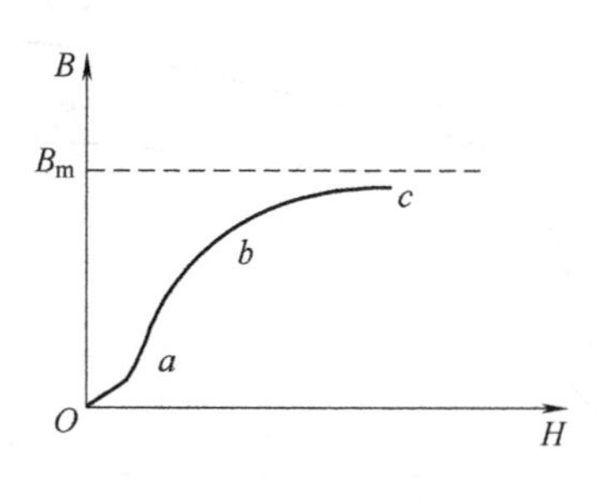

图 2-19　铁磁性物质的初始磁化曲线

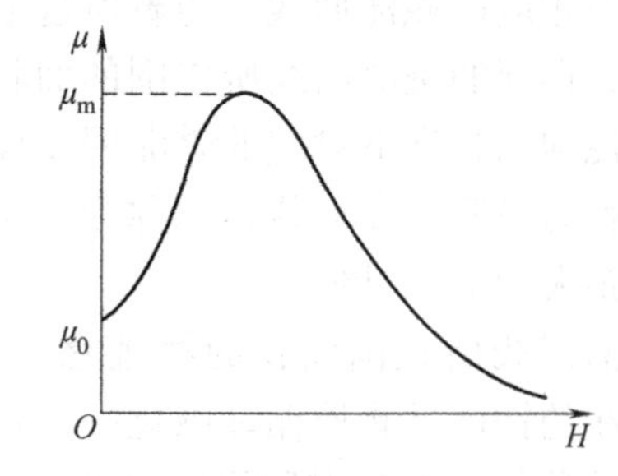

图 2-20　铁磁性物质的磁导率 μ 与磁场强度 H 间的关系

从图 2-20 可以看出，曲线上任何一点的磁导率 μ 是该点纵坐标值与横坐标值的比；或者说，曲线上任何一点的磁导率等于原点到该点连线的斜率。

没有磁化过的铁磁性物质磁化时，如果外磁场强度 H 从零开始稳定增大，那么物质内磁感应强度 B 和外磁场强 H 的关系就如图 2-19 所示的磁化曲线。在图 2-21 中，如果原来没有磁化过的铁磁质环上绕组中的外磁场强度 H 从零增加到 e 时，磁感应强度 B 则是 Of 所代表的数值。如果外磁场强度从 e 继续增大到 g，然后再减小到 e，那么磁化过程就沿 $Oabc$ 进行。当外磁场强度减到 e 时，磁感应强度并不是 Of，而是 Oh。若此时外磁场强度减到零，那么磁化过程就沿 cd 进行，当 $H=0$ 时，磁感应强度不是零而是 Od。

不难看出，铁磁性物质中磁感应强度不但和外磁场强度有关，而且和这种物质的磁化历史情况有关。从 H 减小和 H 增加时两种磁化曲线不重合可以看出，B 的变化落后于 H 的变化，这种现象叫作磁滞现象。

如图 2-22 所示，外磁场强度 H 从零增加到一个最大值（a 点对应的横坐标值），再减至零，然后再反向增加到同一最大值（d 点对应的横坐标值），然后再减至零，如此周而复始地循环变化，这时铁磁性物质中磁感应强度 B 也做同频率的循环变化，在 B-H 平面内成闭合曲线，它与坐标原点对称，称为磁滞回线或磁滞曲线。

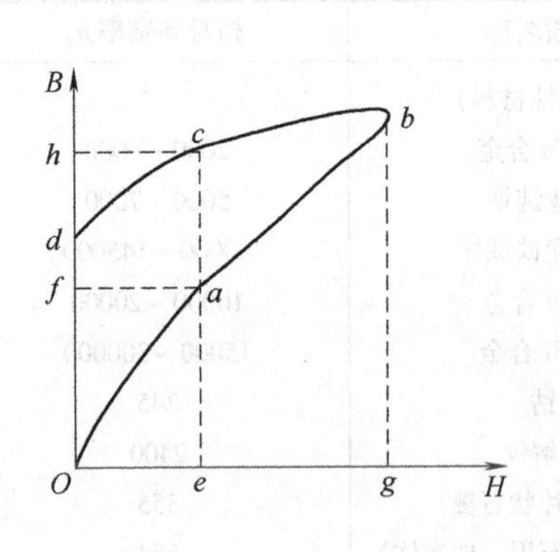

图 2-21　磁滞现象曲线

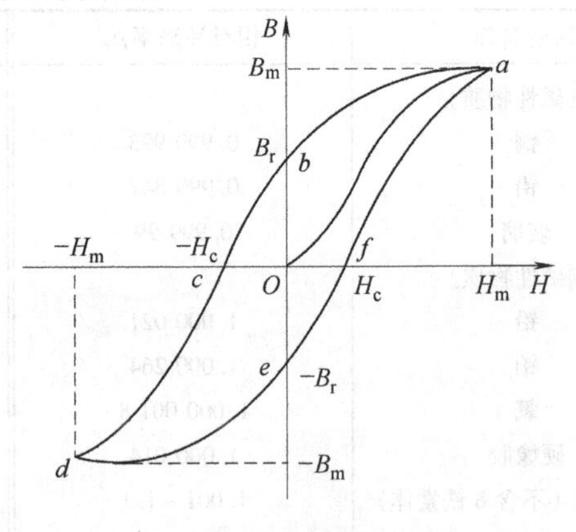

图 2-22　磁滞回线

在图 2-23 中，曲线 Oa 叫作起始磁化曲线，曲线 bc 叫做退磁曲线。在曲线 Oa 上任取一点，使其对应的磁场强度变化一周，可以得到一个相应的磁滞回线。随着所选取点的不同，得到的磁滞回线所包围的面积也不同。磁饱和状态下对应的磁滞回线面积最大，称为极限磁滞回线，也称为主磁滞回线或最大的磁滞回线。

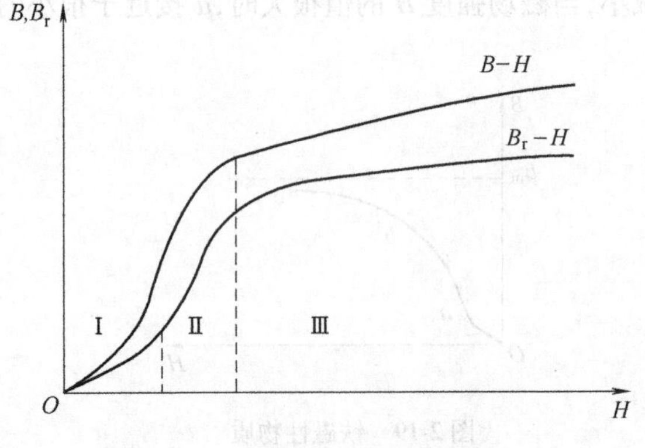

图 2-23　初始磁化曲线与剩磁曲线

磁滞回线所包围面积的物理意义是：单位体积的铁磁性物质循环磁化一次消耗的功（或能量）与磁滞回线所包围的面积成正比。

由图 2-22 可知，当外磁场强度减至零时，铁磁性物质内剩有以纵坐标 Ob 或 Oe 表示的磁感应强度（剩磁），这时的磁感应强度称为该物质的顽磁度，以 B_r 表示。当物质已磁化到饱和程度后，如果要完全抵消铁磁性物质内的剩余磁感应强度，则必须将外磁场强度调至其反向的某一数值，如图 2-22 中以横坐标 Oc（或 Of）表示的 H。这个 H 称为矫顽磁力或矫顽强度，用 H_c 表示，它表征铁磁性物质保存剩磁的能力，是衡量铁磁性物质磁性稳定性的重要参数。或者说，在第二象限的 B_r 与 H_c 的乘积是表示试件磁化后所保留磁能的具体特征。取各自相应的磁场强度和剩余磁感应强度作图，即得图 2-23 所示的 B_r-H 曲线，它表示剩余磁感应强度随磁场强度的变化规律，故称为剩磁曲线。由图 2-23 可以看出，剩磁曲线与初始磁化曲线具有基本相同的形状。不同的铁磁性物质能够产生不同的磁特性曲线，包括 B-H 曲线、B_r-H 回线、μ-H 曲线、B_r-H 曲线。

2. 硬磁材料的磁滞回线

通常将磁性材料分为硬磁材料和软磁材料。硬磁材料的磁滞回线有如下特点（见图 2-24a）：

1）磁导率低，难以磁化，硬磁材料的磁滞回线形状肥大，所包围的面积大，故磁化时消耗的功多，磁化时比较困难。

2）顽磁性高，保留较强的剩磁。

3）矫顽力高，需要较高的反向磁场来消除剩磁。

共析钢和特种钢属于硬磁材料。

硬磁材料可以用来制造永久磁铁。

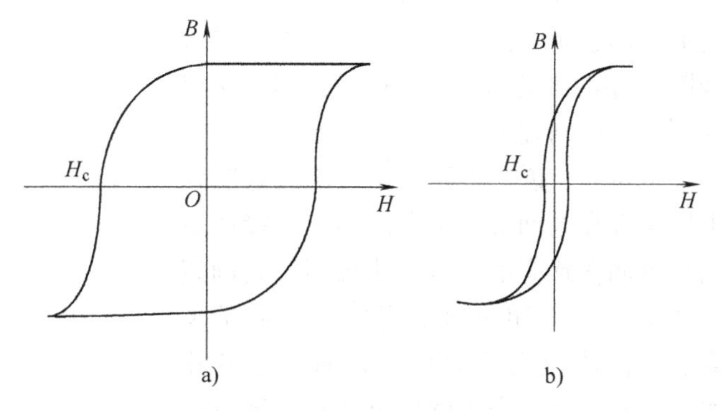

图 2-24　磁性材料的磁滞回线

3. 软磁材料的磁滞回线

软磁材料的磁滞回线有如下特点（见图 2-24b）：

1）磁导率高，易于磁化，磁滞回线形状狭窄，所包围的面积小，故磁化时所消耗的功少，易于磁化。

2）顽磁性低，保留较弱的剩磁。

3）矫顽力低，需要低的反向磁场来消除剩磁。

软铁、钢、铁同镍的合金属于软磁材料。

钢铁材料的磁性质与其结晶结构有很大的关系：面心立方体晶格的 γ 铁（奥氏体）是没有磁性的，而体心立方体晶格的 α 铁则具有磁性。另外，即使对于体心立方晶格，若晶格产生变形，磁学性质也会发生很大变化。如在晶格中加入合金成分以及冷加工或者热处理，都会使晶格发生变形其磁学性质也发生显著变化，一般的规律是：随碳含量的增加，磁导率减少，矫顽力增大。

2.4　电磁感应基本定律

载流导线周围能够产生磁场，反之，导线切割磁力线运动也能产生电流。当通过一个闭合导电回路所包围面积的磁通量发生变化时，回路中同样会产生电流。这种电流称为感应电流或感生电流。由于磁通量变化而产生电流的现象称为电磁感应现象。

楞次在概括了许多电磁感应现象的结果后得出结论：闭合回路内感应电流具有确定方向，它产生的磁通量总是企图阻碍原来磁通的变化。这一结论后来称为楞次定律。

图 2-25a 表示线圈中的感应电流是由于永久磁铁 NS 移动（即线圈中磁通量发生变化）而产生的。当磁通量增加时，根据楞次定律，感应电流产生的磁场方向应当和永久磁铁产生的磁场方向相反，以抵消线圈内的磁通量的增加；反之，当永久磁铁离开线圈，则线圈内磁通量减少，感应电流的磁场方向和永久磁铁的磁场方向相同，以补偿线圈内磁通量的减少。感应电流方向可根据感应电流的磁场方向由右手定则确定。

对于两个相距很近的线圈，如果一个线圈的电流变化是由另一个线圈电流变化所引起的，则这种现象称为互感现象。如图 2-25b 所示，当开关 S 接通瞬间，由于线圈 B 中电流发生变化（从无到有），它产生的磁场使通过线圈 A 中的磁通量增加，线圈 A 中必定产生感应电流，而感应电流产生的磁场应当使通过线圈 A 中的磁通量减少。可以根据楞次定律用右手定则确定感应电流的方向。

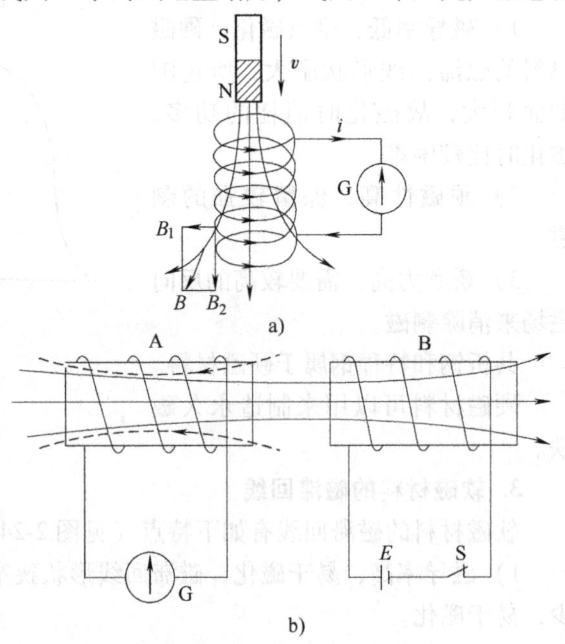

图 2-25 楞次定律应用举例

从本质上说，电路中出现电流表明在电路里存在电动势，由电磁感应直接产生的应该叫作感应电动势。法拉第最先确定了感应电动势和磁通量变化间的数量关系，当回路包围的面积内磁通发生变化时，回路中就要产生感应电动势；感应电动势的大小等于磁通的变化率。这就是著名的法拉第电磁感应定律。即

$$E_{\mathrm{i}} \propto \frac{\mathrm{d}\Phi}{\mathrm{d}t} \tag{2-43}$$

法拉第阐明了感应电动势与磁通变化量之间的数量关系，它没有说明感应电动势或感应电流的方向，法拉第定律经楞次定律补充后，才完整地反映了电磁感应定律，其数学表达式为

$$E_{\mathrm{i}} = -q\frac{\mathrm{d}\Phi}{\mathrm{d}t} \tag{2-44}$$

如果闭合回路的电阻为 R，则感应电流为

$$I_{\mathrm{i}} = -\frac{q}{R}\frac{\mathrm{d}\Phi}{\mathrm{d}t} \tag{2-45}$$

在实际问题中，用楞次定律来确定感应电流或感应电动势的方向最为方便。

式（2-44）考虑的是单匝回路。对于有多匝线圈串联的回路，当磁场发生变化时，每匝中都有感应电动势，按法拉第电磁感应定律，其总电动势为

$$E_{\mathrm{i}} = -qn\frac{\mathrm{d}\Phi}{\mathrm{d}t} \tag{2-46}$$

式中 q——比例系数，随单位制的不同而异。在米制单位中，$q=1$，各物理量的单位如下：E_{i} 的单位为 V，n 的单位为匝，Φ 的单位为 Wb，t 的单位为 s。

只要通过导线回路的磁通量发生变化，回路中便会有感应电动势产生。同样，当回路中有电流经过，该电流产生的磁通量又必定通过此回路。因此，当一个线圈通过交变电流时，它产生的变化磁通量必将在自己的回路中激起感应电动势。这种因为线圈中变化的电流产生的磁通量变化，而在线圈自身回路中激起感应电动势的现象，称为自感现象，这个电动势称为自感电动势。

如果线圈中通过的电流为 I，根据毕奥-萨伐定律，该电流在空间的一点所产生的磁感应

强度都和回路的电流成正比，即 $B=KI$，其中 K 为比例系数。因此，磁通量 Φ 也和电流 I 成正比，即

$$\Phi = LI \tag{2-47}$$

式中　L——自感系数，与线圈的几何形状、大小、匝数及线圈的磁介质有关，若这些条件不变，线圈的自感系数是个常数（H）。

根据法拉第电磁感应定律，自感电动势为

$$E_L = -\frac{d\Phi}{dt} = -\frac{d(LI)}{dt} = -L\frac{dI}{dt} \tag{2-48}$$

式中负号表示自感电动势将反抗回路中电流的变化。式（2-48）同样是楞次定律的数学表示。

如果有两个线圈相互接近，线圈中分别通过电流 I_1 和 I_2，如图 2-26 所示，当电流发生变化时，由线圈 1 中的电流 I_1 产生的变化磁场在通过线圈 2 时，会在线圈 2 中产生感应电动势；同样，线圈 2 中的电流 I_2 产生的变化磁场在通过线圈 1 时，也会在线圈 1 中产生感应电动势。这种两个载流线圈相互激起感应电动势的现象成为互感现象，产生的电动势称为互感电动势。

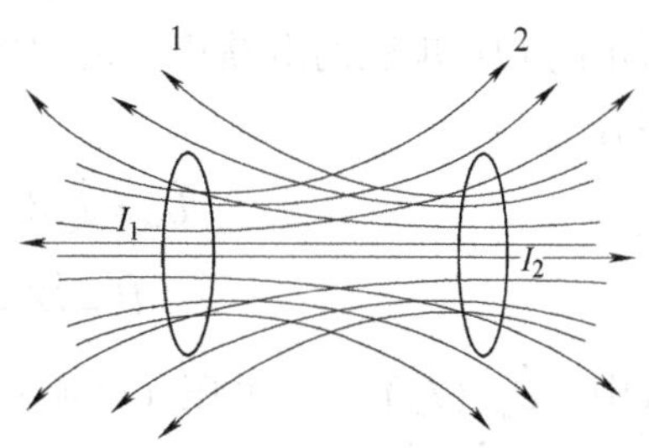

图 2-26　两线圈之间的互感

根据毕奥-萨伐定律，由电流 I_1 产生的磁场在线圈 2 中产生的磁通量 Φ_{21} 必然与电流 I_1 成正比，即

$$\Phi_{21} = M_{21}I_1 \tag{2-49}$$

同理有

$$\Phi_{12} = M_{12}I_2 \tag{2-50}$$

式中　M_{21} 和 M_{12}——比例系数，它们与两个线圈的形状、大小、匝数、相对位置及周围的磁介质有关。

当这些条件不变时，$M_{21}=M_{12}=M$ 是个常数，称为两个线圈的互感系数，单位是 H。式（2-49）和式（2-50）可简化为

$$\Phi_{21} = MI_1 \qquad \Phi_{12} = MI_2$$

根据电磁感应定律，线圈 1 中电流 I_1 的变化在线圈 2 中产生的互感电动势为

$$E_{21} = -\frac{d\Phi_{21}}{dt} = -\frac{d(MI_1)}{dt} = -M\frac{dI_1}{dt} \tag{2-51}$$

同样，线圈 2 中的电流 I_2 的变化在线圈 1 中产生的互感电动势为

$$E_{12} = -M\frac{dI_2}{dt} \tag{2-52}$$

式中的负号表示互感电动势将反抗回路中电流的变化。

当两个线圈耦合时，用系数 K 表示它们之间的耦合程度，称为耦合系数。K 的大小为

$$K = \frac{M}{\sqrt{L_1L_2}} \tag{2-53}$$

耦合系数 K 的大小表示两个线圈耦合的紧密程度。由于互感系数的大小与两个线圈的互相位置和方向有关，因此，当两个线圈的轴线重合时，靠得越近，M 值越大，耦合系数 K 越大。耦合系数 K 是小于 1 的正数，因为无论两个线圈耦合得多么紧密，总有漏磁存在。

当电路中通过交变电流时，电压和电流之间的关系不仅与电阻有关，还要受线圈电感和电容器电容的影响。在交流电路里，电压和电流之间的关系仍然符合欧姆定律，只不过电阻上电压和电流同相位，电感上电压相位比电流相位超前$\frac{\pi}{2}$，电容上电压的的相位比电流相位滞后$\frac{\pi}{2}$。例如，在图 2-27 所示的 RLC 串联的电路中，根据欧姆定律，用复数来表示电路中电压和电流之间的关系，则有

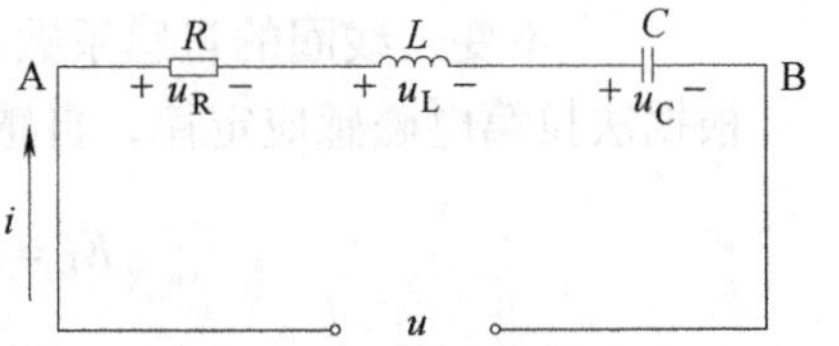

图 2-27　RLC 串联电路

$$\dot{U}_{\mathrm{m}} = \dot{I}_{\mathrm{m}} Z = \dot{I}_{\mathrm{m}}(R + \mathrm{j}x) = \dot{I}_{\mathrm{m}}[R + \mathrm{j}(X_{\mathrm{L}} - X_{\mathrm{C}})] \tag{2-54}$$

$$\dot{U} = \dot{I} Z = \dot{I}(R + \mathrm{j}x) = \dot{I}[R + \mathrm{j}(X_{\mathrm{L}} - X_{\mathrm{C}})] \tag{2-55}$$

式中　$\dot{U}_{\mathrm{m}}$（$\dot{I}_{\mathrm{m}}$）——电压（电流）的复数振幅值；

$\dot{U}$（$\dot{I}$）——电压（电流）的复数有效值；

Z——电路的复数阻抗（即总阻抗）；

R——电路中总电阻，复数的实部；

X_{L}——电路中的感抗，$X_{\mathrm{L}} = \omega L$；

X_{C}——电路中的容抗，$X_{\mathrm{C}} = 1/\omega C$；

j——虚部代表符号，$\mathrm{j} = \sqrt{-1}$。

根据式（2-54）或式（2-55）可以画出两个直角三角形，如图 2-28 所示，分别称为电压三角形和阻抗三角形。图 2-28a 表示电路中总电压和电阻上电压及电抗上电压之间的关系，图 2-28b 表示阻抗与电阻及电抗之间的关系。两个三角形是相似的，实际上，电压三角形只是阻抗三角形的放大（每条边代表的数值分别乘以电流值）。

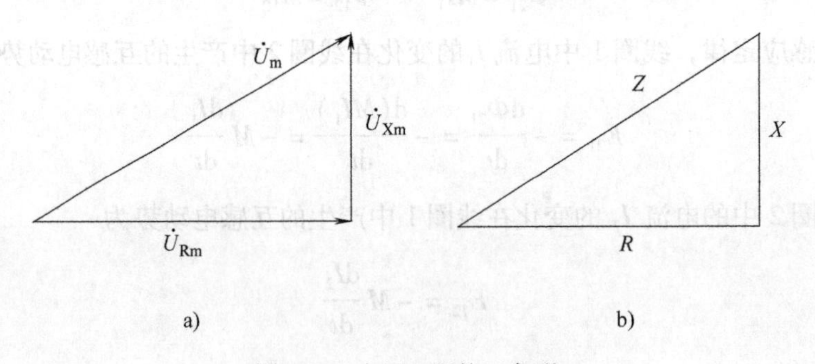

图 2-28　电压、阻抗三角形

a）电压三角形　b）阻抗三角形

如果在电路中含有两个相互耦合的线圈，就必须考虑互感对电路中电压、电流的影响。具有互感的两个线圈在交流电路中的连接方式有很多种，其中常用的一种是图 2-29 所示的

变压器耦合式互感电路。

在电路中，与电源相连的一侧称为一次侧，与负载相连的一侧称为二次侧。一、二次侧的电阻、电感及互感如图 2-30 所示。按图中假定的电流、电压的正方向，在考虑互感电动势存在的情况下，可以分别写出一、二次侧回路的电压方程：

$$\dot{U}_1=(R_1+\mathrm{j}\omega L_1)\dot{I}_1+\mathrm{j}\omega M\dot{I}_2 \tag{2-56}$$

$$0=(R_2+\mathrm{j}\omega L_2)\dot{I}_2+(R+\mathrm{j}X)\dot{I}_2+\mathrm{j}\omega M\dot{I}_1 \tag{2-57}$$

式中　$\mathrm{j}\omega M\dot{I}_2$（$\mathrm{j}\omega M\dot{I}_1$）——二次侧（一次侧）中的电流在一次侧（二次侧）中产生的互感电动势。

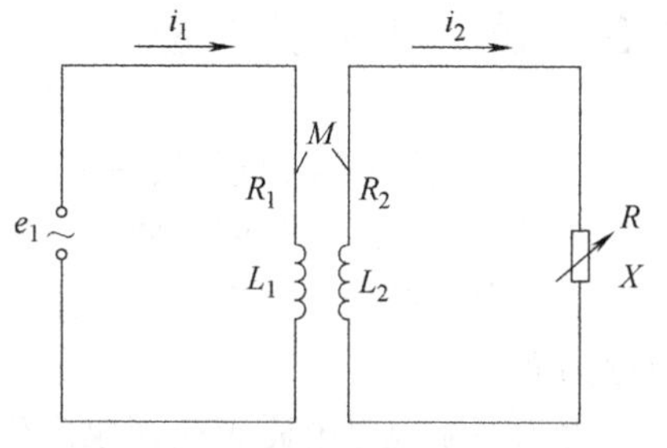

图 2-29　变压器耦合式互感电路

令 $X_{L1}=\omega L_1$，$X_{L2}=\omega L_2$，$X_M=\omega M$，$R_{22}=R_2+R$，$X_{22}=X_{L2}+X$，则式（2-56）、式（2-57）可化简为

$$X_{22}=X_{L2}+X\quad \dot{U}_1=(R_1+\mathrm{j}X_{L1})\dot{I}_1+\mathrm{j}X_M\dot{I}_2 \tag{2-58}$$

$$0=(R_{22}+\mathrm{j}X_{22})\dot{I}_2+\mathrm{j}X_M\dot{I}_1 \tag{2-59}$$

由式（2-57）可得

$$\dot{I}_2=-\frac{\mathrm{j}X_M}{R_{22}+\mathrm{j}X_{22}}\dot{I}_1$$

把式代入式（2-56）中可得

$$\begin{aligned}\dot{U}_1&=(R_1+\mathrm{j}X_{L1})\dot{I}_1+\mathrm{j}X_M\left(-\frac{\mathrm{j}X_M}{R_{22}+\mathrm{j}X_{22}}\right)\dot{I}_1\\&=(R_1+\mathrm{j}X_{L1})\dot{I}_1+\frac{X_M^2}{R_{22}+\mathrm{j}X_{22}}\dot{I}_1\\&=(R_1+\mathrm{j}X_{L1})\dot{I}_1+\left(\frac{R_{22}X_M^2}{R_{22}^2+X_{22}^2}-\mathrm{j}\,\frac{X_{22}X_M^2}{R_{22}^2+X_{22}^2}\right)\dot{I}_1\\&=\left[R_1+\frac{R_{22}X_M^2}{R_{22}^2+X_{22}^2}+\mathrm{j}\left(X_{L1}+\frac{-X_{22}X_M^2}{R_{22}^2+X_{22}^2}\right)\right]\dot{I}_1\\&=[(R_1+R_{折合})+\mathrm{j}(X_{L1}+X_{折合})]\dot{I}_1\end{aligned} \tag{2-60}$$

式中

$$R_{折合}=\frac{X_M^2}{R_{22}^2+X_{22}^2}R_{22} \tag{2-61}$$

$$X_{折合}=\frac{-X_M^2}{R_{22}^2+X_{22}^2}X_{22} \tag{2-62}$$

设

$$Z_{折合}=R_{折合}+\mathrm{j}X_{折合} \tag{2-63}$$

$Z_{折合}$称为折合阻抗，它说明在这种变压器耦合式互感电路中，尽管一、二次侧之间没有直接的联系，但由于互感的存在，一次侧电路闭合时得到的二次电流会通过互感影响一次侧电路中电压和电流之间的关系。在以电磁感应原理为基础分析涡流检测时，检测线圈和被检测金

属之间就可以等效为这种电路，可以参照这种电路的分析方法来分析涡流检测的问题。

2.5 涡流和趋肤效应

当两个线圈相隔很近时，一个线圈中通过变化的电流，会在另一个线圈中产生感应电动势。而且，由于线圈是闭合回路，因此在回路中就会有感应电流流过。如果用块状金属来代替这个线圈，在金属体内也会产生感应电流，由于这种电流的回路在金属体内呈漩涡形状，故称为涡流。

因为涡流也是电磁感应现象产生的感应电流，所以，在原理上同样可以用楞次定律来确定方向并用法拉第电磁感应定律计算任一条闭合回路的感应电动势。

同时，涡流既然是因为线圈中交变电流（称为一次电流）激励的交变磁场在金属中感应产生的，所以涡流也是交变的，同样会在周围空间形成交变磁场并在线圈中产生感应电动势。因此线圈的磁场不再是由一次电流产生的磁场 $H_{一次}$，而是由 $H_{一次}$ 和涡流磁场（即 $H_{二次}$）叠加形成的合成磁场。假定一次电流振幅不变，线圈和金属块之间的距离也保持固定，那么涡流及涡流磁场的强度和分布就由金属块的材质决定，也就是说，合成磁场中包含了金属块电导率、磁导率、裂纹等信息，因此，只要从线圈中检测出有关信息，例如电导率的差别就能间接得到纯金属的杂质含量、金属的热处理状态等信息，这就是利用涡流方法检测金属或合金材质的基本原理。

当交变电流通过导体时（例如圆截面的直长导线），由于导线周围存在电磁场，导体本身就会产生涡流，涡流的磁场会引起高频交变电流趋向导线表面，使导体横截面上电流的分布不均匀，即表面层上的电流密度最大，随着进入导体深度的增大而减小。这种现象称为趋肤效应。

导线材料不同（电导率和磁导率不同）以及通过的交变电流频率不同，电流密度在导线横截面上的分布也是有所不同的。理论计算表明，交变电流密度在导线横截面上的分布是按指数规律从导线表面向中心衰减的。把电流密度下降到表面电流密度 1/e（大约 37%）处的深度称为渗透密度 δ，它与导线的电导率 σ，磁导率 μ 以及交变电流频率 f 之间的关系可用公式表示为

$$I = I_{\mathrm{D}} \mathrm{e}^{-\sqrt{\frac{\omega}{2}\mu\sigma}\cdot\delta}$$

式中 I_{D}——表面电流密度（A/m²）；

I——距表面深 δ 处的电流密度（A/m²）；

μ——磁导率（H/m）；

δ——渗透深度（m）；

σ——电导率（1/Ω · m）；

f——频率（Hz）。

当 $\frac{I}{I_{\mathrm{D}}} = \frac{1}{\mathrm{e}} = \mathrm{e}^{-1}$ 时，则 $\mathrm{e}^{-\sqrt{\frac{\omega}{2}\mu\sigma}\cdot\delta} = \mathrm{e}^{-1}$，所以

$$\delta = \frac{1}{\sqrt{\frac{\omega}{2}\mu\sigma}} = \frac{1}{\sqrt{\pi f \mu\sigma}} \tag{2-64}$$

由于通过交变电流的线圈在邻近的金属块内产生的涡流也是交流，它同样具有趋肤效应，涡流密度在金属中的衰减规律也类似。图2-30所示为平板导体内涡流密度的分布规律（图中以表面的涡流密度为1，参变量是 $K=\sqrt{\omega\mu\sigma}$ ，$\omega=2\pi f$ 是角频率）。

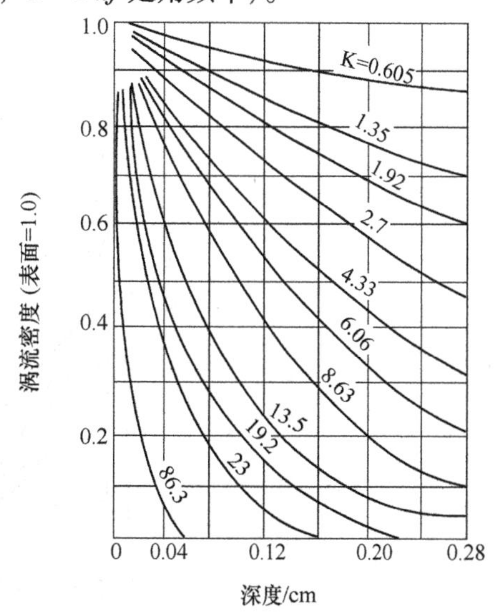

图2-30 平面导体内涡流密度的分布规律

式（2-64）表明，金属内漩涡的渗透深度与激励电流的频率f、金属的电导率σ和磁导率μ有直接关系。它表明涡流检测法只能对金属材料的表面或近表面进行检测（对内部缺陷灵敏度过低，效果不佳）。在涡流检测中应根据深度的要求选择试验频率。

关于趋肤效应的理论解释，目前尚未统一，主要有三种说法。第一种说法认为涡流在导体内某一深度上的流动会在更深的深度上产生一个磁场，这个磁场抵消了初始磁场，从而减弱了初始磁场的作用，并使涡流随深度的增加而减小。另一种说法认为趋肤效应是电磁波在导体中传播时能量被吸收的结果。第三种说法认为趋肤效应是由单个涡流脉冲在导体中传播或散射时产生的散射效应造成的。图2-31所示为金属圆棒涡流密度幅值分布，可见，无论圆棒的直径如何，其中心涡流密度基本上趋近于零。

在激励条件相同时，电导率σ越大，趋肤效应越强。由于$\sigma_{铅}<\sigma_{铜}<\sigma_{银}$，所以银的趋肤效应最明显。磁导率越大，趋肤效应也越强。所以，在相同激励条件下，由于$\mu_{钢}>>\mu_{铜}$，故钢的趋肤效应强得多。如果将钢试件饱和磁化，则此时钢的$\mu_r\approx1$，而$\sigma_{铜}>\sigma_{钢}$，所以钢磁饱和后，铜的趋肤效应强于钢的趋肤效应。

对于相同的试件，在相同场强条件下，只是频率不同，频率高的趋肤效应更强。

从式（2-64）可知，标准渗透深度δ由试件的电磁特性及激励磁场的频率决定。μ、σ、f越大，标准渗透深度越小，因为μ、σ是试件固有参数，不能改变，而频率f在检验时可以自由选择，所以可以根据要求的渗透深度来选择频率。

还应该指出，标准渗透深度这个概念只与涡流密度的相对值有关，与其绝对值无关。例如，当不同条件下的两块试件具有相同的渗透深度时，该深度处的绝对涡流密度也不一定相等。

例2-2 已知某黄铜板的电阻率$\rho=7.5\mu\Omega\cdot cm$，问如果用1kHz的激励频率，在理论上具有多大标准渗透深度？

解：根据式（2-62）可知$\delta=\dfrac{1}{\sqrt{\pi f\mu\sigma}}$，$\mu=\mu_0\mu_r$

对非磁性材料$\mu_r=1$　$\mu=\mu_0=4\pi\times10^{-7}$，代入上式可得

$$\delta=\frac{1}{\sqrt{\pi\times4\pi\times10^{-7}f\sigma}}=\frac{503.3}{\sqrt{f\sigma}}=\frac{503.3}{\sqrt{f/\rho}}$$

由于$\rho=7.5\mu\Omega\cdot cm=7.5\times10^{-8}\Omega\cdot m$，则

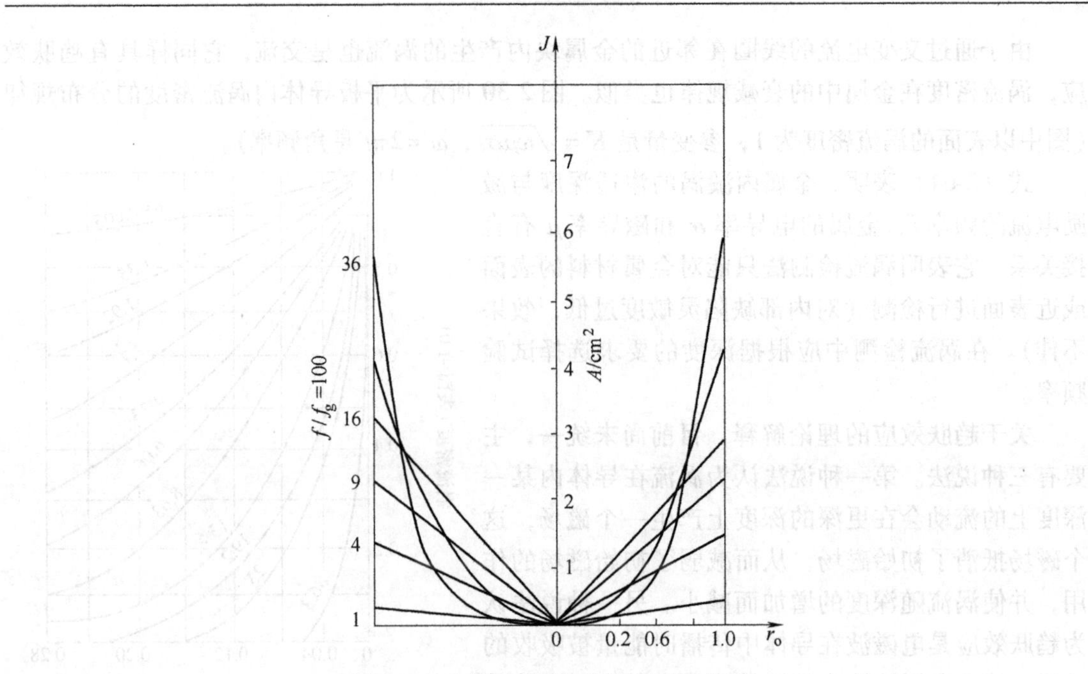

图 2-31　金属圆棒涡流密度幅值分布图

$$\delta=\frac{503.3}{\sqrt{1000\times\frac{1}{7.5\times10^{-8}}}}\text{m}=0.00436\text{m}\approx4.4\text{mm}$$

所以，在理论上具有 4.4mm 标准渗透深度。

第3章　涡流检测基本原理

3.1　涡流检测线圈阻抗分析

1. 线圈的阻抗

涡流检测是以电磁感应原理为基础的，为了从本质上分析涡流检测中试件的性质同检测线圈参数之间的依从关系，在理论上，对处于电磁场中的物体及其周围空间这个区域列出麦克斯韦方程组和定解条件，然后进行求解与计算，确定线圈中的电流或电压的变化。同时，根据涡流检测的实际应用，检测线圈和导电试件之间的电磁感应现象可以用包含两个线圈耦合的变压器耦合式互感交流电路来等效。从两方面来分析和理解涡流检测中检测线圈各种参数的变化。

在交流电路中，串联电路的电压是受电路总阻抗影响的，电压变化和阻抗变化之间有着相似的规律。在涡流检测中，为了确定受试件性能等影响的涡流变化，在测定检测线圈的电压效应时，也可以通过测定线圈的阻抗变化进行。这就是目前在涡流检测中广泛使用的阻抗分析法。

用金属导线绕成的线圈，除了具有电感外还具有电阻，各匝线圈之间还有匝间电容。因此，一个线圈不会是一个纯电感，可以用由电阻、电感和电容组合而成的等效电路来表示。但是，在不同的要求下，线圈可以用不同的近似电路来代替。例如，频率较低时，可能不考虑匝间电容；与电路中其他元器件的电阻相比，线圈的电阻很小而且可以忽略时，仅用一个纯电感电路来表示。

涡流检测中，检测线圈的等效电路可以根据对电路阻抗研究分析所要求的程序不同，从图3-1所示的四种形式中选取。其中，图3-1a表示无损耗的理想线圈；图3-1b表示L和R的串联等效电路；图3-1c是L和R的并联等效电路；图3-1d是考虑了线圈匝间电容的等效电路。涡流检测中，一般采用图3-1b的形式。根据交流电路复数阻抗表示法，可以得出其阻抗为

$$Z = R + \mathrm{j}\omega L \tag{3-1}$$

线圈的复数阻抗图和复数电压图如图3-2所示。

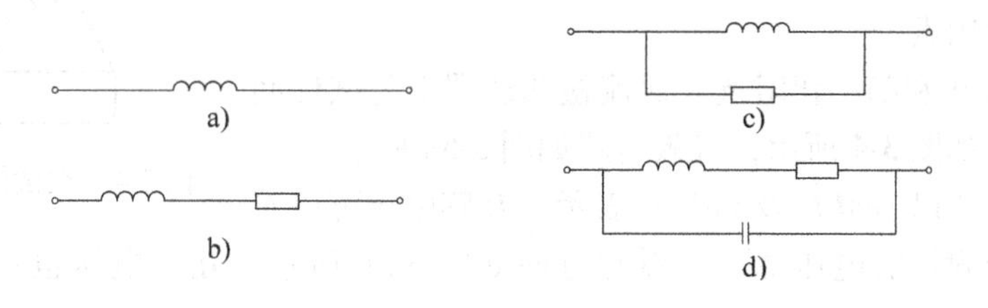

图3-1　线圈的等效电路

2. 涡流检测线圈的阻抗

（1）涡流检测原理　线圈 1 和线圈 2 互相接近，当线圈 1 流过交流电时，线圈 2 中就感应产生了感应电动势，如果线圈 2 接有负载电阻 R_2，且形成了闭合回路，在线圈 2 中便感生出了交流电流，如图 3-3 所示。由于互感现象又在线圈 1 中引起感应电动势，因此流经线圈 1 的交流电流 I_1 发生变化。当线圈 2 所接电阻 R_2 的大小发生变化时，则流经线圈 2 的电流 I_2 随之变化，因此线圈 1 中交流电流也会随之变化。

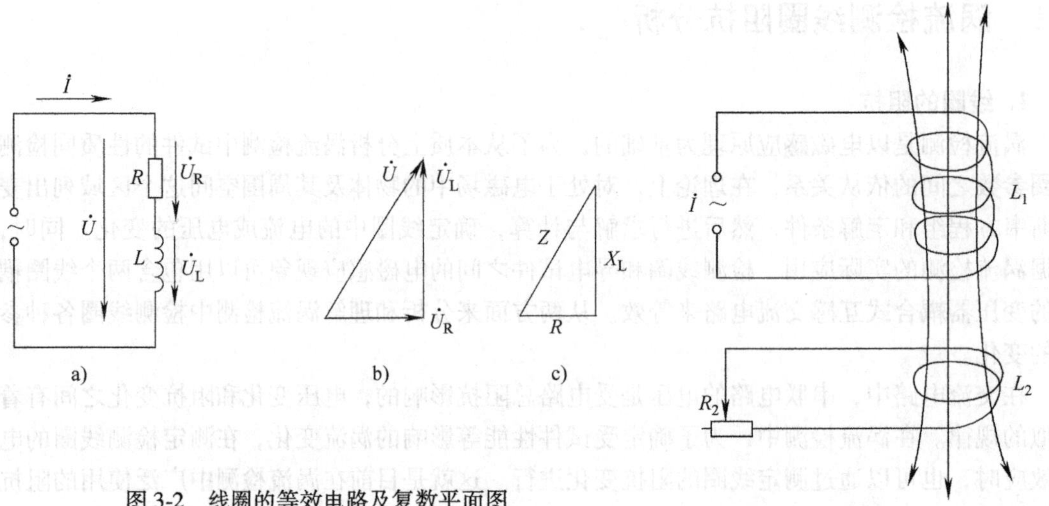

图 3-2　线圈的等效电路及复数平面图

a）线圈的等效电路　b）电压三角形　c）阻抗三角形

图 3-3　涡流检测中的电磁感应

线圈 1 所接的电源 E 为一定值。当发现线圈 1 中电流 I_1 增大时，根据欧姆定律可知线圈的阻抗 Z 必定减少了。所以只要设法测量出线圈 1 阻抗的变化便可知线圈 2 的负载电阻 R_2 的变化情况。

图 3-4 中用金属板代替了线圈 2，放置于检测线圈 1 的下面。因为金属板是导体，可以看成用许多层互不绝缘的平面线圈代替了线圈 2。当线圈 1 接通交流电时，金属板表面感生出涡流。在金属板中涡流分布、流经途径、大小与金属板材质及是否有缺陷等很多因素有关。如果金属板有裂纹，则板内感生涡流因受裂纹阻隔而绕过裂纹流过，其流经途径与无裂纹时不同，故电阻 R_2 不同，因而引起线圈 1 阻抗变化，只要测出线圈 1 阻抗变化情况便可得知金属板是否有裂纹等缺陷或其他变化因素。

（2）阻抗分析和归一化阻抗　涡流检测线圈 1 与试件间相互作用的原理如图 3-4 所示，等效电路如图 3-5a 所示。

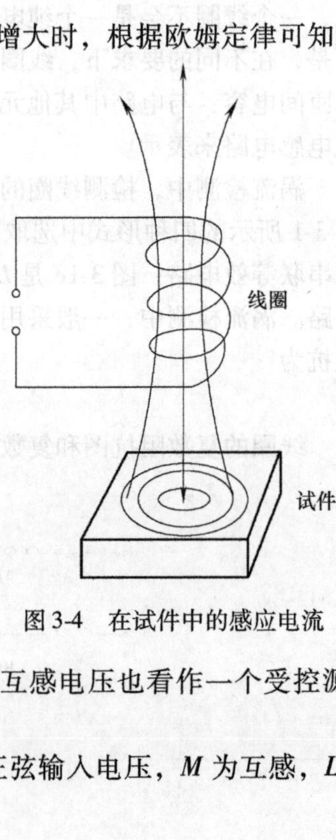

线圈

试件

图 3-4　在试件中的感应电流

其中互感电压以 $\mathrm{j}\omega M\dot{I}_2$ 及 $\mathrm{j}\omega M\dot{I}_1$ 表示。互感电压可以看成是电路中一个附加的电压源，其瞬时方向如图 3-5b 所示。互感电压也看作一个受控源，其值受另一支电流控制。

图 3-5a 中 R_1、R_2 分别为一次和二次绕组的电阻，$\dot{U}_S$ 为正弦输入电压，M 为互感，L_1、

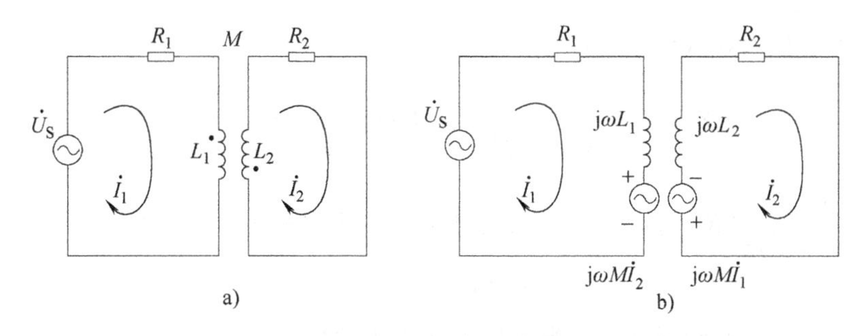

图 3-5 涡流线圈等效电路

L_2 为一次和二次自感。

根据图 3-5b 可得到回路方程组

$$\begin{cases}(R_1+\mathrm{j}\omega L_1)\dot{I}_1+\mathrm{j}\omega M\dot{I}_2=\dot{U}_S\\ \mathrm{j}\omega M\dot{I}_1+(R_2+\mathrm{j}\omega L_2)\dot{I}_2=0\end{cases}\tag{3-2}$$

或写为

$$\begin{cases}Z_{11}\dot{I}_1+Z_{12}\dot{I}_2=\dot{U}_S\\ Z_{21}\dot{I}_1+Z_{22}\dot{I}_2=0\end{cases}\tag{3-3}$$

式中 $Z_{11}=R_1+\mathrm{j}\omega L_1$；

$Z_{22}=R_2+\mathrm{j}\omega L_2$；

$Z_{12}=Z_{21}=\mathrm{j}\omega M$。

由式（3-2）和式（3-3）可以求出图 3-5b 回路中流过的一次电流为

$$\dot{I}_1=\frac{\begin{vmatrix}\dot{U}_S & Z_{12}\\ 0 & Z_{22}\end{vmatrix}}{\begin{vmatrix}Z_{11} & Z_{12}\\ Z_{21} & Z_{22}\end{vmatrix}}=\frac{Z_{22}\dot{U}_S}{Z_{11}Z_{22}-Z_{12}Z_{21}}=\frac{(R_2+\mathrm{j}\omega L_2)\dot{U}_S}{(R_1+\mathrm{j}\omega L_1)(R_2+\mathrm{j}\omega L_2)-(\mathrm{j}\omega M)^2}$$

$$=\frac{(R_2+\mathrm{j}\omega L_2)\dot{U}_S}{(R_1+\mathrm{j}\omega L_1)(R_2+\mathrm{j}\omega L_2)+\omega^2M^2}\tag{3-4}$$

根据欧姆定律有

$$Z_i=\frac{\dot{U}_S}{\dot{I}_1}=\frac{\dot{U}_S}{\dfrac{(R_2+\mathrm{j}\omega L_2)\dot{U}_S}{(R_1+\mathrm{j}\omega L_1)(R_2+\mathrm{j}\omega L_2)+\omega^2M^2}}=R_1+\mathrm{j}\omega L_1+\frac{\omega^2M^2}{R_2+\mathrm{j}\omega L_2}\tag{3-5}$$

式中

$$\frac{\omega^2M^2}{R_2+\mathrm{j}\omega L_2}=\frac{\omega^2M^2\ (R_2-\mathrm{j}\omega L_2)}{(R_2+\mathrm{j}\omega L_2)\ (R_2-\mathrm{j}\omega L_2)}=\frac{\omega^2M^2}{R_2^2+\omega^2L_2^2}\ (R_2-\mathrm{j}\omega L_2)$$

$$=\frac{\omega^2M^2}{R_2^2+\omega^2L_2^2}R_2-\frac{\omega^2M^2}{R_2^2+\omega^2L_2^2}\mathrm{j}\omega L_2\tag{3-6}$$

将式（3-6）代入式（3-5）得

$$Z_{\mathrm{i}}=R_1+\frac{\omega^2M^2}{R_2^2+\omega^2L_2^2}R_2+\mathrm{j}\left(\omega L_1-\frac{\omega^2M^2}{R_2^2+\omega^2L_2^2}\omega L_2\right) \tag{3-7}$$

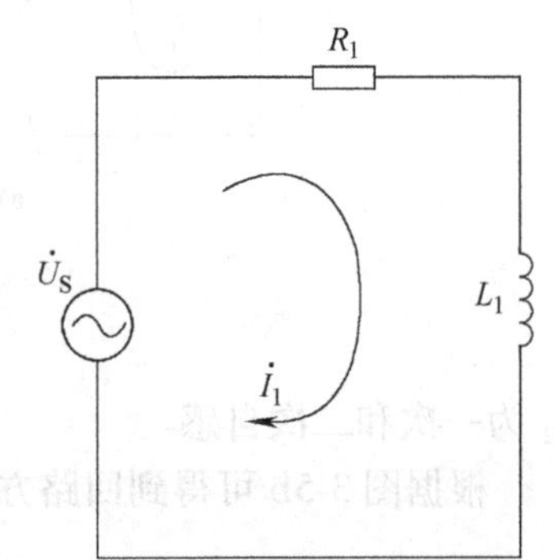

图3-6　涡流线圈等效电路

式(3-6)中　$\frac{\omega^2M^2}{R_2^2+\omega^2L_2^2}(R_2-\mathrm{j}\omega L_2)$——二次电路中反映到一次电路中的阻抗。

当$\dot{I}_2=0$时，即二次侧开路，相当于检测线圈未放置导电试件的情况。由图3-6与图3-5a比较，相当于图3-5a去掉了二次侧回路。这时的回路只是一个简单的电感电阻串联回路。

由此可得

$$\dot{U}_{\mathrm{S}}=Z_{11}\dot{I}_1$$

$$Z_{\mathrm{i}}=Z_{11}=R_1+\mathrm{j}\omega L_1 \tag{3-8}$$

当耦合系数K为

$$K=\frac{M}{\sqrt{L_1L_2}}$$

$$M^2=K^2L_1L_2 \tag{3-9}$$

将式（3-9）代入式（3-7），并令$R_2=0$有

$$Z_{\mathrm{i}}=R_1+\mathrm{j}\left(\omega L_1-\frac{\omega^2K^2L_1L_2}{\omega^2L_2^2}\cdot\omega L_2\right)=R_1+\mathrm{j}\omega L_1(1-K^2) \tag{3-10}$$

式（3-8）相当于检测线圈未放入导电试件的情况，即$R_2=\infty$、$Z_{\mathrm{i}}=R_1+\mathrm{j}\omega L_1$，如图3-7中的$Z_{\mathrm{a}}$所示。

当$R_2=0$，相当于二次电路短路或检测线圈中加入导电试件，$Z_{\mathrm{i}}=R_1+\mathrm{j}\omega L_1(1-K^2)$，如图3-7中的$Z_{\mathrm{b}}$所示。

现将R_2从∞逐渐减小至0，则其线圈输入阻抗变化轨迹如图3-7的右半圆所示，直径为$K^2\omega L_1$。其视在阻抗由ωL_1减小至ωL_1（$1-K^2$），另一方面，电阻R从R_1增加至（$R_1+K^2\omega L_1/2$）最大值后逐渐减小至R_1。线圈1的电阻R_1、电感L_1的感抗X_{L}因频率f不同而改变，因为$X_{\mathrm{L}}=2\pi fL_1$，因此A、B点位置与半圆直径也就不同。为了便于作图和互相比较，所以将坐标均除以ωL_1，就得到归一化阻抗轨迹如图3-8所示。横坐标为（$R-R_1$）$/\omega L_1$，纵坐标为$X/\omega L_1$，这样就可以使纵轴与半圆直径重合。上端点为（0，1），下端点为（0，$1-K^2$）。经归一化后电阻R和阻抗X_L均为无因次量，并且均小于1。例如图3-8中，半圆仅仅取决于耦合系数K。考虑到涡流检测的目的，这样做的物理意义，是要依据一次绕组（即检测线圈）视在阻抗的变化，来推断电路阻抗的变化（即导电试件中的涡流变化），从而判断导电金属的物理性能及有无缺陷等。因此，一次电路本身的阻抗是不必考虑的影响因素，要设法消除它。由图3-8可知，如果先把纵轴位置向右移动R_1距离，便可消除一次绕组电阻的影响；随后将新的曲线的坐标值除以ωL_1，便可消除一次绕组电感的影响。通过这个方法得到的阻抗平面图的格式是统一的，因而具有通用性。

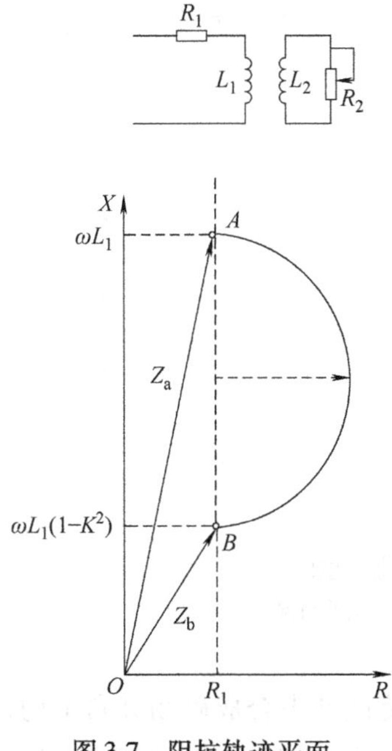

图 3-7　阻抗轨迹平面

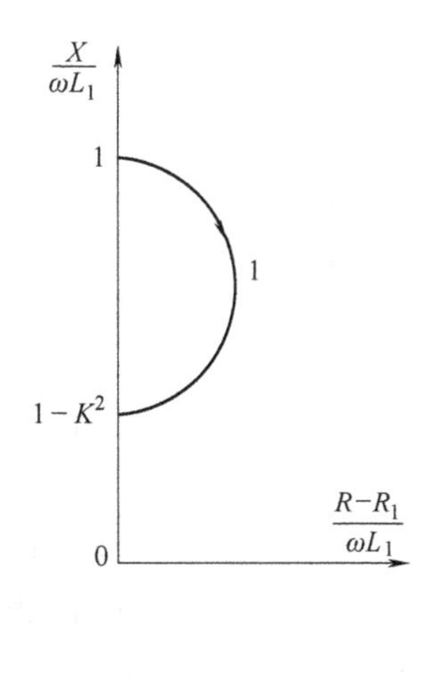

图 3-8　归一化阻抗轨迹平面

3.2　有效磁导率和特征频率

1. 有效磁导率

由于引起检测线圈阻抗发生变化的直接原因是线圈中磁场的变化，因此在进行涡流检测问题的理论分析时，需要分析和计算试件放入检测线圈后磁场的变化，然后得出检测线圈阻抗的变化（或线圈上感应电压的变化），才能对试件的各种影响因素进行分析。这是比较复杂的。在长期进行涡流检测原理的理论分析和实验工作中，德国的 Foerster 博士提出了有效磁导率的概念。尽管学术界对于 Foerster 提出的有效磁导率的物理意义和表现方式仍有异议，但由于运用它可以使各种涡流检测中阻抗分析的问题大大简化，故还是得到了相当广泛的应用。

下面用一个放在通有交变电流的无限长圆筒形线圈的导电圆柱体试件的例子来进行分析。为了讨论方便，需要有如下几个假设条件：

1）线圈内部产生一个轴向均匀的磁化磁场，其磁场强度为 H_0。

2）试件无限长，端头效应忽略不计。

3）试件的电导率 σ 和磁导率 μ 不变。

4）激励电流为单一频率的正弦波，试件非线性引起的谐波不考虑。

5）试件完全充满线圈。圆柱体直径为 D。

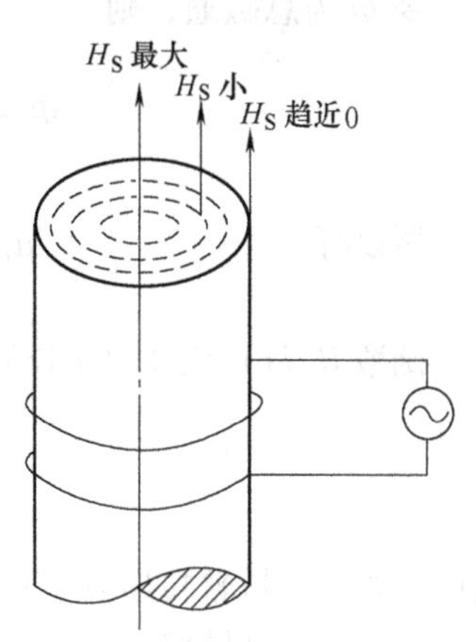

图 3-9　涡流产生磁场 H_S 的分布

由于圆柱体试件在磁场 H_0 中产生了涡流，涡流又产生了磁场 H_S，在中心部位因集中了涡流全部磁场，所以 H_S 最大，越靠近边缘越小，到边缘处 H_S 趋近于零，如图 3-9 所示。因此试件在线圈中合成磁场 $H = H_0 - H_S$。由于 H_S 分布不均匀，则 H 也不均匀。如图 3-10a 所示中心部位 H 最小，越靠近边缘 H 越大，边缘处 $H=H_0$。

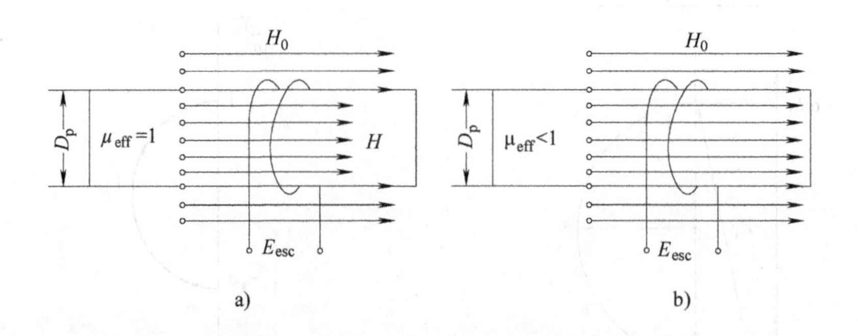

图 3-10　试验线圈中试样的磁化示意图

a）有试样的磁场　b）H_0 不变、μ_{eff} 变化的情况

一般导磁材料的磁导率 $\mu=\mu_0\mu_r$，涡流产生的磁场使试件中合成磁场分布不均匀，这并不是材料本身 μ 的不均匀，而是涡流磁场 H_S 引起的。距离 r 处的内部磁感应强度 $\dot{B}_i(r)$ 是个相量，可以用公式表示为

$$\dot{B}_i(r)=\mu_{eff}\mu_0\mu_r\dot{H}_0 \tag{3-11}$$

式中　μ_{eff}——有效磁导率；

μ_0——真空磁导率；

μ_r——相对磁导率。

式中，假定试件表面和内部的磁场强度均为 H_0，但假定试件有效磁导率 μ_{eff} 是变化的，如图 3-10b 所示，且 $|\mu_{eff}|<1$，故可以将原来不均匀的磁场变为均匀的磁场来计算，如对铁磁性材料 $\mu=\mu_{eff}\mu_0\mu_r$，其中 $\mu_0\mu_r$ 是不变的，μ_{eff} 是变化的。因此，由试件材料内部的物理性能不同所引起线圈内试件的磁场变化就可以用 μ_{eff} 表达式推导。

在以上假定的前提下，μ_{eff} 表达式推导如下：

令 Φ 为总磁通，则

$$\Phi=\pi r_p^2\mu_0\mu_r\mu_{eff}H_0=2\pi\int_0^{r_p}\mu_0\mu_r H(r)r\mathrm{d}r \tag{3-12}$$

所以有

$$\mu_{eff}=\frac{\Phi}{\pi r_p^2\mu_0\mu_r H_0}=\frac{2}{r_p^2H_0}\int_0^{r_p}\mu_r H(r)\mathrm{d}r \tag{3-13}$$

函数 $H(r)$ 由式（3-13）求出

$$\nabla^2H=\mu\sigma\frac{\partial H(r)}{\partial t} \tag{3-14}$$

式中　∇^2——拉普拉斯算子；

σ——电导率。

由于试件受到正弦磁场影响，将 $H=H_m e^{j\omega t}$ 代入式（3-14），可得

$$\nabla^2 H = \mathrm{j}\omega\mu\sigma H_\mathrm{m} \tag{3-15}$$

采用圆柱坐标，∇^2 用柱坐标展开运算后得到

$$\mu_\mathrm{eff} = \frac{2}{Kr_\mathrm{p}} \cdot \frac{J_1(Kr_\mathrm{p})}{J_0(Kr_\mathrm{p})} \tag{3-16}$$

式中　$Kr_\mathrm{p} = r_\mathrm{p}\sqrt{-\mathrm{j}\omega\mu\sigma}$；

$J_0(Kr_\mathrm{p})$——零阶贝塞尔函数；

$J_1(Kr_\mathrm{p})$——一阶贝塞尔函数。

由此求出的有效磁导率 μ_eff，它是一个含有实部和虚部的复数。

2. 特征频率

在引入了有效磁导率的概念并对它进行分析以后，Foerster 把使贝塞尔函数变量的模为 1 的频率称为特征频率（或界限频率），用 f_g 表示。

令 $|Kr_\mathrm{p}| = 1$，即 $|Kr_\mathrm{p}| = r_\mathrm{p}\sqrt{-\mathrm{j}\omega\mu\sigma} = 1$　$\omega = 2\pi f_\mathrm{g}$，得

$$f_\mathrm{g} = \frac{1}{2\pi\sigma\mu_0\mu_\mathrm{r} r_\mathrm{p}^2} \tag{3-17}$$

式中　f_g——特征频率（Hz）；

r_p——试件半径（cm）；

μ_0——真空磁导率（H/m）；$\mu_0 = 4\pi\times10^{-9}$H/m；

σ——电导率（m/Ω · mm²）；

μ_r——相对磁导率。

将 $d = 2r_\mathrm{p}$，$\mu_0 = 4\pi\times10^{-9}$H/cm 代入式（3-17）得

$$f_\mathrm{g} = \frac{5066}{\sigma\mu_\mathrm{r} d^2} \tag{3-18}$$

式中　f_g——特征频率（Hz）；

σ——电导率（m/Ω · mm²）；

μ_r——相对磁导率；

d——试件直径（cm）。

一般情况下有

所以

$$Kr_\mathrm{p} = r_\mathrm{p}\sqrt{-\mathrm{j}\omega\mu\sigma} = \sqrt{-\frac{\mathrm{j}f}{f_\mathrm{g}}} \tag{3-19}$$

$$\mu_\mathrm{eff} = \frac{2}{\sqrt{-\mathrm{j}(f/f_\mathrm{g})}} \frac{J_1\sqrt{-\mathrm{j}(f/f_\mathrm{g})}}{J_0\sqrt{-\mathrm{j}(f/f_\mathrm{g})}} \tag{3-20}$$

有效磁导率有实部和虚部，随 f/f_g 的变化而变化，与其他因素无关。表 3-1 中的数值是式（3-16）中在 $0 \leqslant f/f_\mathrm{g} \leqslant \infty$ 范围内计算得到的。

将表内数值画在复平面上，得出图 3-11 所示的有效磁导率曲线。由式（3-16）可知，有效磁导率 μ_eff 的数值随 Kr_p 的不同而不同。只要知道一个试件的特征频率 f_g，并计算出试

验频率f与特征频率f_g的比值f/f_g，就可以计算出有效磁导率μ_{eff}的数值。但由于计算较为繁杂，所以可采用查表的办法。有效磁导率μ_{eff}完全取决于频率比f/f_g的大小，而μ_{eff}的大小又决定了试件中涡流和磁场强度的分布，因此，试件中涡流和磁场的分布又仅仅是f/f_g的函数。可见，f/f_g是涡流检测中要选择的重要参数之一。

表 3-1　不同f/f_g有效磁导率μ_{eff}值

f/f_g	$\mu_{eff实}$	$\mu_{eff虚}$	f/f_g	$\mu_{eff实}$	$\mu_{eff虚}$
0. 00	1. 000	0. 0000	10	0. 4678	0. 3494
0. 25	0. 9989	0. 0311	12	0. 4202	0. 3284
0. 50	0. 9948	0. 6202	15	0. 3701	0. 3004
1	0. 9798	0. 1216	20	0. 3180	0. 2657
2	0. 9264	0. 2234	50	0. 2007	0. 1795
3	0. 8525	0. 2983	100	0. 1416	0. 1313
4	0. 7738	0. 3449	150	0. 1156	0. 1087
5	0. 6992	0. 3689	200	0. 1001	0. 09497
6	0. 6360	0. 3770	400	0. 07073	0. 06822
7	0. 5807	0. 3757	1000	0. 4472	0. 04372
8	0. 5361	0. 3692	10000	0. 01414	0. 01404
9	0. 4090	0. 3599			

因为$f/f_g = f\Big/\dfrac{1}{2\pi\mu\sigma d^2} = 2\pi f\mu\sigma d^2 = \omega\mu\sigma d^2$，由此可知，频率比与试件电导率、磁导率、直径二次方和工作频率f成正比。导体内部涡流、磁场的分布是随f/f_g的变化而变化的。但在一定频率比f/f_g时，被检测的圆柱试样直径不论多大，其涡流密度和场强几何分布均相似。即两个大小不同或材质不同的试件，若频率比相同，那么它们相同部位的有效磁导率μ_{eff}是相同的，而其场强和涡流分布也相同，其相似条件为

$$f_1\mu_{r1}\sigma_1 d_1^2 = f_2\mu_{r2}\sigma_2 d_2^2 \tag{3-21}$$

式（3-21）称为涡流检测相似律。

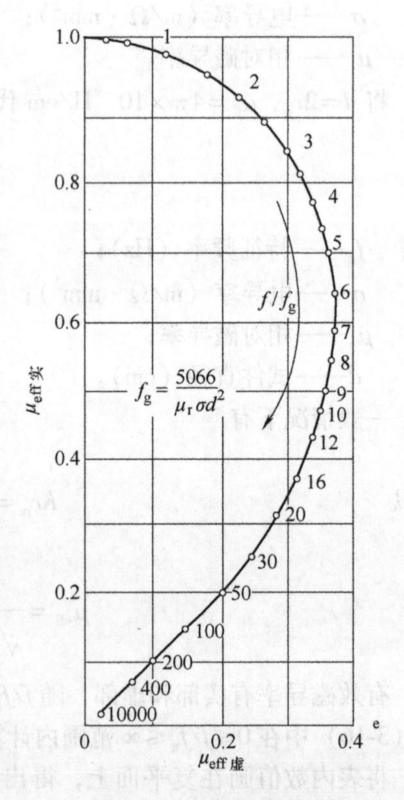

图 3-11　有效磁导率曲线

运用相似律也可以通过模型试验来推断材料中不连续性缺陷（如裂纹）的试验结果。根据相似律，f/f_g相同，几何相似的不连续性缺陷（例如圆柱体直径的百分率表示的一定深度、宽度的裂纹）将引起相同的涡流效应和有效磁导率的变化。如果通过带有人工缺陷的模型试验出有效磁导率μ_{eff}的变化值$\Delta\mu_{eff}$对于裂纹的深度、宽度及位置的依从关系，那么，相似律指出，这些测量结果将具有普遍的通用性质。因此，可以用截面放大了的带有人工缺陷的模型试样来获得裂纹引起线圈参数变化的试验数据，作为实际进行涡

流检测时评定缺陷影响的参考数据。

例 3-1　有一直径为 10cm 的铝棒，$\sigma=34.9\text{m}/\Omega\cdot\text{mm}^2$，其中 $f_g=1.45\text{Hz}$，在工作频率 $f=145\text{Hz}$ 检验时，$f/f_g=145/1.45=100$。有一钢丝直径为 0.01cm，$\sigma=10\text{m}/\Omega\cdot\text{mm}^2$，$\mu_r=100$，其中 $f_g=50660\text{Hz}$，在工作频率 $f=5.066\text{MHz}$ 检验时，$f/f_g=5.066\times10^6/50\,660=100$，两者频率比相同。

根据式（3-21），有

$$145\times1\times34.938\times10^2=5.066\times10^6\times100\times10\times0.01^2$$

$$50.66\times10^4=50.66\times10^4$$

故两者条件相似。

3.3　涡流检测线圈的电压计算

涡流检测中，一般检测线圈绕于试件上，置于励磁线圈之内。因此未放入试件时，检测线圈置于空气中。周围磁场强度为 H_0，此时检测线圈两端电压为 $E_{空}$（V），则

$$E_{空}=2\pi fnH_0\frac{\pi d^2}{4}\mu_r\times10^{-8}\ \text{(V)}$$

式中　f——激励频率（Hz）；

n——线圈匝数（匝）；

d——试件直径（mm）；

μ_r——相对磁导率。

如将试件插入检测线圈内，试件中涡流产生的磁场 H_S 减弱了原激励磁场 H_P，引起了试件内磁场 H 分布不均匀，由于引进了有效磁导率 μ_{eff}，仍可认为 $H=H_0$ 不变，只是乘上一个变化的 μ_{eff}。μ_{eff}是一个复数，有虚部和实部，且 $|\mu_{eff}|<1$。这样检测线圈的电压 E 便可按恒定磁场 H_0 和假设的 $\mu_{eff虚}$和 $\mu_{eff实}$计算出来：

$$E=2\pi fn\frac{\pi d^2}{4}\mu_r\mu_{eff}H_0\times10^{-8} \tag{3-22}$$

电压 E 包括两部分即 $E_{实}$ 和 $E_{虚}$：

$$E_{实}=2\pi fn\frac{\pi d^2}{4}\mu_r\mu_{eff虚}\times10^{-8} \tag{3-23}$$

$$E_{虚}=2\pi fn\frac{\pi d^2}{4}\mu_r\mu_{eff实}\times10^{-8} \tag{3-24}$$

应用上述公式计算线圈电压方法如下：

1）由公式 $f_g=\dfrac{5066}{\mu_r\sigma d^2}$ 首先求出 f_g。

2）求出频率比 f/f_g。

3）根据 f/f_g 的比值，查表 3-1 或由图 3-11 找出 $\mu_{eff实}$和 $\mu_{eff虚}$的数值。

4）将 $\mu_{eff实}$和 $\mu_{eff虚}$代入式（3-23）和式（3-24）分别计算出 $E_{实}$ 和 $E_{虚}$。

特征频率$f_g=\frac{5066}{\mu_r\sigma d^2}$的公式中包含有试件直径 d、电导率 σ 和磁导率 μ_r 等因素，这些因素变化都会引起f_g的变化。

在试件中如果存在裂纹、气孔和夹杂等缺陷，则其电导率等将发生改变。所以特征频率f_g内包含了各种缺陷信息。

选定了检测线圈和仪器工作频率之后，检测线圈获得的信息电压 E 的大小取决于f_g。利用电子技术和电子仪器可以测出电压 E 的变化值。从仪器的显示装置便可以间接判断试件是否有缺陷。

不同材料的试件，电导率不同，因此可以从电导率的不同数值来区分试件的不同性能和组织成分。当试件直径 d 不同时，f_g 随之发生改变，因此测得的信息电压也不同。人们可以利用这些变化进行不同的涡流检测工作。

涡流检测信息包含在有效磁导率μ_{eff}和检测线圈产生的电压 E 之中，它包含了 μ、σ、d 等材质信息和缺陷（如裂纹）信息。因此在涡流检测具体应用中，去掉不需要检测的干扰信息，突出有用的需要检测的信息，关键是要合理设计探头、选取最佳工作频率 f 来获得最有效的频率比 f/f_g 以及获得良好的灵敏度。

例 3-2　有一直径为 1cm 的铜棒，$\mu_r=1$，$\sigma=50.66\text{m}/\Omega\cdot\text{mm}^2$，设计探头测量线圈为 $n=1$ 匝，$H_0=1\text{Oe}$（1Oe = 79.5775A/m），求 f_g 并选择最佳频率 f。

解：1）$f_g=\frac{5066}{\sigma\mu_r d^2}=\frac{5066}{50.66\times1\times1^2}\text{Hz}=100\text{Hz}$

2）选频率 f。激励线圈 f 选 1000Hz，则 $f/f_g=1000/100=10$，从图 3-11 或表 3-1 查得

$$\mu_{eff虚}=0.3494\quad \mu_{eff实}=0.4678$$

代入式（3-23）和式（3-24）即可求出检测线圈电压为

$$E_{虚}=2\pi fn\frac{\pi}{4}d^2\times10^{-8}\times1\times1\times\mu_{eff实}\text{V}=2\pi\times1000\times1\times\frac{\pi}{4}\times1^2\times10^{-8}\times0.4678\text{V}$$

$$=23.085\times10^{-6}\text{V}$$

$$E_{实}=2\pi fn\frac{\pi}{4}d^2\times10^{-8}\times1\times1\times\mu_{eff虚}\text{V}=2\pi\times1000\times1\times\frac{\pi}{4}\times1^2\times10^{-8}\times0.3494\text{V}$$

$$=17.242\times10^{-6}\text{V}$$

$$E=\sqrt{E_{实}^2+E_{虚}^2}=\sqrt{(23.085^2+17.242^2)\quad\times10^{-12}}\text{V}=28.813\times10^{-6}\text{V}$$

如试件有裂纹等缺陷，使导电率降低 1 倍，这时 $f_g'=2f_g$，则 $f/f_g'=5$，查表得 $\mu_{eff虚}=0.3689$，$\mu_{eff实}=0.6992$。

同时求得

$$E'_{实}=17.242\times10^{-6}\times\frac{0.3689}{0.3494}\text{V}=18.202\times10^{-6}\text{V}$$

$$E'_{虚}=34.504\times10^{-6}\text{V}$$

$$E'=\sqrt{18.202^2+34.504^2\times10^{-12}}\text{V}=39.012\times10^{-6}\text{V}$$

由于裂纹使信号变化 $\Delta E'$，即

$$\Delta E' = 39.012\times10^{-6} - 28.81\times10^{-6}\text{V} = 10.19\times10^{-6}\ (\text{V})$$

反复选择工作频率 f，分别计算出 f/f_g 比值，求出 μ_{eff} 虚部和实部，计算出 $E_{虚}$、$E_{实}$ 和 E 值，再比较看哪一个频率使电压变化幅值和电压变化百分比大，以决定最佳灵敏度的工作频率。

试件直径 d 小于试验线圈的直径 D 时（见图 3-12），线圈与试件的间隙面积为 $A_{空环}$ 为

$$A_{空环} = \frac{\pi}{4}(D^2 - d^2)$$

因空环磁导率 $\mu_r = 1$，$\mu_{eff} = 1$（实），故在此环形空间感应出来的电压是纯虚数，即

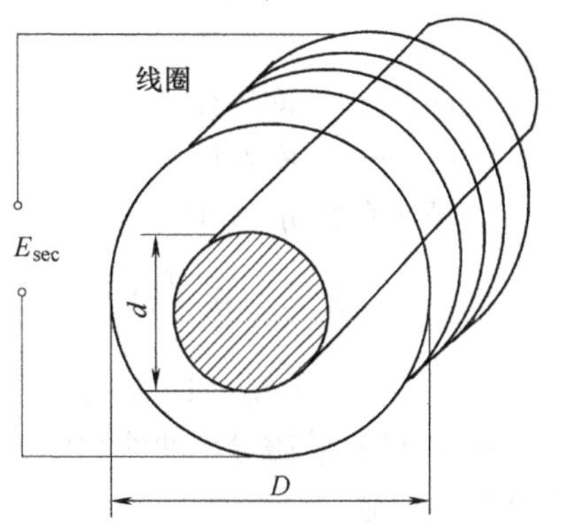

图 3-12　试件直径 d < 线圈直径 D

$$E_{空环} = 2\pi fn\frac{\pi}{4}(D^2 - d^2)H_0\times10^{-8}\text{V}$$

有试件存在时，线圈所产生电压是复数，即

$$E_{试件} = 2\pi fn\frac{\pi}{4}d^2\mu_r\mu_{eff}H_0\times10^{-8}\text{V}$$

总电压为此两电压之和，为

$$E_{总} = 2\pi fn\frac{\pi}{4}(D^2 - d^2)H_0\times10^{-8} + 2\pi fn\frac{\pi}{4}d^2\mu_r\mu_{eff}H_0\times10^{-8}$$

$$= 2\pi fn\frac{\pi}{4}D^2\left(1 - \frac{d^2}{D^2} + \frac{d^2}{D^2}\mu_r\mu_{eff}\right)H_0\times10^{-8}$$

试件面积为 $\frac{\pi}{4}d^2$，线圈面积为 $\frac{\pi}{4}D^2$，两者之比称为填充系数，即

$$\eta = \frac{\frac{\pi}{4}d^2}{\frac{\pi}{4}D^2} = \left(\frac{d}{D}\right)^2 \tag{3-25}$$

在未放入试件时，即 $d = 0$，线圈置于空气中，其空载电压 E_0 为

$$E_0 = 2\pi fn\frac{\pi}{4}D^2\times H_0\times10^{-8}$$

一般非磁性材料相对磁导率 $\mu_r = 1$，当非磁性试件放入检测线圈时，其电压 E 为

$$E = 2\pi fn\frac{\pi}{4}D^2\left[1 - \frac{d^2}{D^2} + \frac{d^2}{D^2}\times1\times\mu_{eff}\right]H_0\times10^{-8}$$

即

$$E = 2\pi fn\frac{\pi}{4}D^2(1 - \eta + \eta\times\mu_{eff})H_0\times10^{-8} \tag{3-26}$$

当检测线圈较大，线径也大时，D 可以取有效值 D_k，即

$$D_k = \left(\frac{1}{3}D_{内}^2 + D_{内}D_{外} + D_{外}^2\right)$$

式中　$D_{内}$——线圈内径；

$D_{外}$——线圈外径。

当填充系数 $\eta=1$ 时，将 $\eta=1$ 代入式（3-26），得出线圈电压 E 为

$$E = 2\pi fn\frac{\pi}{4}D^2\ (1-\eta+\eta\times\mu_{eff})\ H_0\times10^{-8} = E_0\ (1-\eta+\eta\times\mu_{eff})$$

$$= E_0\ (1-1+\mu_{eff})\ = E_0\mu_{eff} \tag{3-27}$$

$\eta=1$ 的有效磁导率曲线如图 3-13a 中最外面的一条曲线所示，它与图 3-11 有效磁导率曲线完全一致。

当试验频率 f 选为∞时，$f/f_g=\infty$，此时有效磁导率为

$$\mu_{eff} = \frac{2}{\sqrt{\frac{-jf}{f_g}}}\frac{J_1\sqrt{-j\ (f/f_g)}}{J_0\sqrt{-j\ (f/f_g)}} = 0$$

因此由式（3-27）得 $E/E_0=0$。

同理，当试件 $d=0$，即空线圈时，$f/f_g=\omega\sigma\mu d^2=0$，则有效磁导率 μ_{eff} 或 $E/E_0=1$，等于整个纵坐标高度。

当 $\eta=\frac{1}{2}$ 时，取 $f/f_g=\infty$，$\mu_{eff}=0$，代入式（3-27），则

$$\frac{E}{E_0} = 1-\frac{1}{2}+\frac{1}{2}\mu_{eff} = \frac{1}{2}$$

$1-\eta=0.5$ 为实数，相应的空气环产生的电势不受试件的影响，对应于图 3-13a 中的 B 点、此外 $\eta\mu_{eff}$ 的每一向量应以 B 点作为原点来描绘。

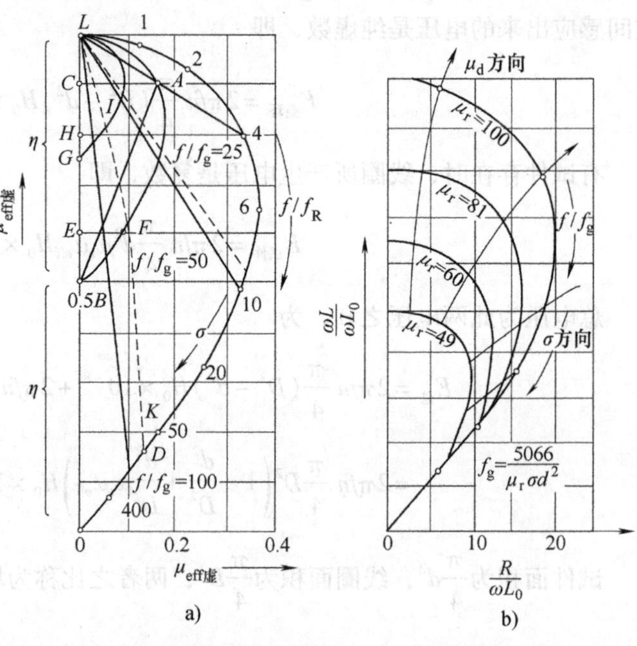

图　3-13

a）填充系数为 $\eta=1$、1/2、1/4 时试件有效磁导率

b）具有不同相对磁导率的铁圆柱体阻抗平面图

例如 $f/f_g=4$，则

$$\mu_{eff}=0.7738+j0.3449$$

所以　$\eta\mu_{eff}=0.3869+j0.1724$

在图中对应于 $\eta\mu_{eff}$ 的向量为 BA，那么 $OA=OB+BA$，$OA=1-\eta+\eta\mu_{eff}$。

依次取不同的 f/f_g 值，同上述方法，求出相应的 BA，再求出 OA，就可得出 B 点的轨迹。

如图 3-13a 中的 $OAFB$ 曲线所示，图上各线段意义如下：

1）OB 即 $1-\eta$ 之值，表示空环部份对线圈感应电压。

2）BA 表示 $\eta\mu_{eff}$。

3）BC 代表 $\eta\mu_{\text{eff实}}$，即试件部分的复数有效磁导率作用于感抗部分。

4）CA 代表 $\eta\mu_{\text{eff虚}}$，即试件部分的复数有效磁导率作用于电阻部分。

5）OA 表示 $1-\eta+\eta\mu_{\text{eff}}$，即总的复数有效磁导率。

根据公式

$$E/E_0=1-\eta+\eta\mu_{\text{eff}}$$

其中电势 E、E_0 与线圈阻抗 Z、Z_0 成正比，

$$Z=R+j\omega L,\quad Z_0=R_0+j\omega L_0$$

式中　R_0、L_0——线圈空载时的有效电阻和电感。

R_0 为一定值，实质上不影响测量。由于 $\Delta R=R-R_0$，若把纵坐标轴由0向右移一位置 R_0，则 $\Delta R=R-0=R$，所以

$$Z_0=R_0+j\omega L_0=0+j\omega L_0=j\omega L_0$$

$$\frac{E}{E_0}=\frac{IZ}{IZ_0}=\frac{R+j\omega L}{j\omega L_0}=\frac{\omega L}{\omega L_0}+\frac{R}{j\omega L_0}$$

$$\frac{E}{E_0}=1-\eta+\eta\mu_{\text{eff}}$$

则有

$$\frac{\omega L}{\omega L_0}+j\frac{R}{\omega L_0}=1-\eta+\eta\mu_{\text{eff}}=1-\eta+\eta(\mu_{\text{eff实}}+\mu_{\text{eff虚}}) \tag{3-28}$$

当有功部分和无功部分分别相等时式（3-28）才成立，所以

$$\frac{R}{\omega L_0}=\eta\mu_{\text{eff虚}}$$

$$\frac{\omega L}{\omega L_0}=1-\eta+\eta\mu_{\text{eff实}} \tag{3-29}$$

如果试样为磁性材料，则 $\mu_r\neq1$，$\mu_r>>1$，因此式 $E=E_0$（$1-\eta+\eta\mu_r\mu_{\text{eff}}$）中 $1-\eta$ 可以忽略不计，故

$$E=E_0\eta\mu_r\mu_{\text{eff}}$$

$$\frac{E_L}{E_0}=\frac{\omega L}{\omega L_0}=\eta\mu_r\mu_{\text{eff实}} \tag{3-30}$$

$$\frac{E_R}{E_0}=\frac{R}{\omega L_0}=\eta\mu_r\mu_{\text{eff虚}} \tag{3-31}$$

在 $\eta=1$ 时，根据式（3-30）和式（3-31）描绘出不同的 μ_r 值的归一化阻抗与 f_g 的关系曲线，如图3-13b所示。比较图3-13a和图3-13b可见，非磁性材料的阻抗平面图和铁磁材料的阻抗平面图有着相当大的区别。

3.4　应用阻抗图设计检测线圈

1. 非磁性材料

试件为非磁性材料时，$\mu_r=1$，其归一化阻抗如图3-11和图3-13a所示。如工作频率采用低频，且设 $f/f_g=1$，试件直径 d 不变而电导率 σ 变低，根据公式：

$$\frac{E}{E_0}=1-\eta+\eta\mu_{eff}$$

其中 $1-\eta$ 因直径 d 不变而不变，$\eta\mu_{eff}$ 项中 μ_{eff} 为 f/f_g 的函数。而 $f/f_g=2\pi f\mu\sigma d^2$，既然 σ 变小，f/f_g 也就变小，因此可得出图 3-14 中曲线 1，原阻抗为 OA，由于 σ 减小而变为 OA'。

当 σ 不变而直径 d 变小时，阻抗曲线如曲线 2 所示。f/f_g 因直径 d 减小而变小。所以阻抗又由 OA 变为 OB。显然，在低频时，σ 和 d 的变化对阻抗的影响（即导电率变化方向和直径变化方向夹角 φ）很小，难以采用相位分离法予以分离。因此工作频率不宜选择在特征频率 f_g 附近。

在工作频率选得高时，如 $f/f_g>10$，设 σ 变小，直径 d 不变，f/f_g 随 σ 减小而变小。阻抗由原来 OA 变为 OA'，还在与纵轴成 45°角的直线上，所以基本上方向不变。如图 3-15 所示曲线 1 上的 OA 和 OA'。

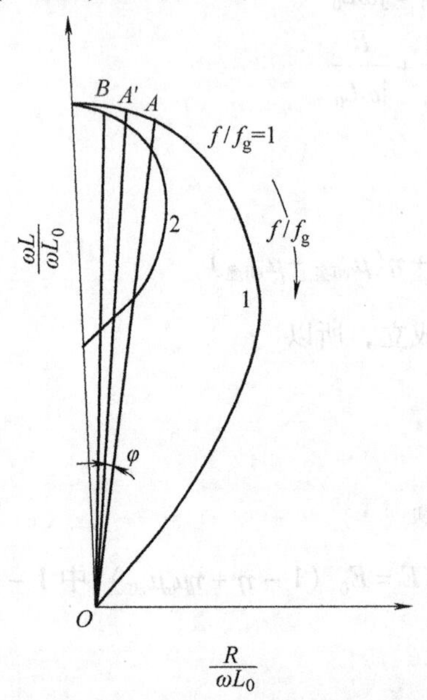

图 3-14 σ 和 d 变化时阻抗与夹角关系图

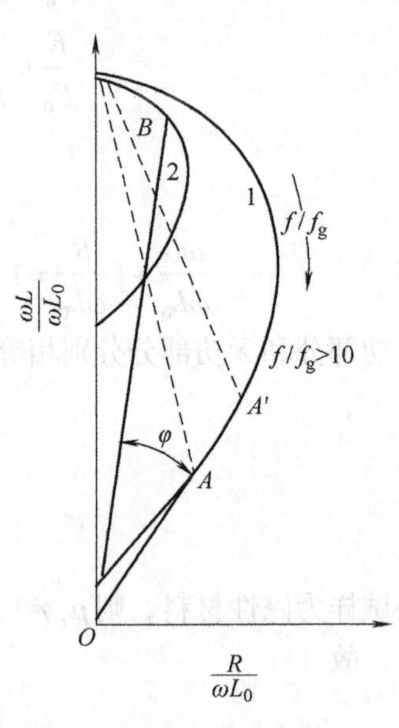

图 3-15 σ 和 d 变化对 φ 角的影响

若电导率不变，直径 d 变小，根据关系式 $\eta=\frac{d}{D}^2$，则 η 变小。又因为 $f/f_g=2\pi\mu\sigma d^2$，所以 f/f_g 变小。图 3-14 中由曲线 1 变为曲线 2，从而阻抗从 OA 变到 OB。

很明显，由于 OA 与 OB 夹角可能较大，因此就可能采用相位法原理将两者变化分离开来。因此频率比必须选择在 $f/f_g>10$ 以上。但 f/f_g 选得太高也不理想，一般 f/f_g 选在 10 ~ 40 范围内。

现以实例做进一步分析。

例 3-3 设 $\left(\frac{d}{D}\right)^2=\eta=0.8$，当电导率 σ 降低一半时，直径 d 不变，或电导率不变，直径减小一半时，在频率比 $f/f_g=1$、20、200 三种情况下，求其检测线圈阻抗值及相位变化情况。

（1）当 $f/f_g=1$ 时

1）查表 3-1 得

$$\mu_{\text{eff实}}=0.979\ 8 \qquad \mu_{\text{eff虚}}=0.121\ 6$$

$$\frac{\omega L}{\omega L_0}=1-\eta+\eta\mu_{\text{eff实}}=1-0.8+0.8\times0.979\ 8=0.983\ 84$$

$$\frac{R}{\omega L_0}=\eta\mu_{\text{eff虚}}=0.8\times0.121\ 6=0.097\ 28$$

$$Z=0.097\ 28+\mathrm{j}0.983\ 84=0.988\ 64\underline{/84°35'}$$

2）电导率降低一半，d 不变，即 $f/f_g=0.5$ 而 η 不变，同样查表 3-1 得

$$\mu_{\text{eff实}}=0.994\ 8 \qquad \mu_{\text{eff虚}}=0.062\ 05$$

计算

$$\frac{\omega L}{\omega L_0}=1-0.8+0.8\times0.994\ 8=0.995\ 85$$

$$\frac{R}{\omega L_0}=\eta\mu_{\text{eff虚}}=0.8\times0.062\ 05=0.049\ 648$$

$$Z'=0.049\ 648+\mathrm{j}0.995\ 85=0.997\ 0\underline{/87°14'}$$

3）如电导率 σ 不变，而直径 d 减小一半，则 $f/f_g=1/4=0.25$，同样查表或图得到

$$\mu_{\text{eff实}}=0.998\ 9 \qquad \mu_{\text{eff虚}}=0.031\ 1$$

$$\eta'=\frac{1}{4}\eta=0.2$$

$$\frac{\omega L}{\omega L_0}=1-0.2+0.2\times0.998\ 9=0.999\ 78$$

$$\frac{R}{\omega L_0}=0.2\times0.031\ 1=0.006\ 22$$

由于

$$Z''=0.006\ 22+\mathrm{j}0.999\ 78=0.999\ 8\underline{/87°64'}$$

所得三个阻抗 Z、Z'、Z''的相位差很小，难于用相位法分离出来，故不能取频率比 $f/f_g=1$。

（2）当 $f/f_g=20$ 时

1）查表 3-1 得

$$\mu_{\text{eff实}}=0.318\ 0 \qquad \mu_{\text{eff虚}}=0.265\ 7$$

$$\frac{\omega L}{\omega L_0}=1-0.8+0.8\times0.318\ 0=0.454\ 4$$

$$\frac{R}{\omega L_0}=0.8\times0.265\ 7=0.212\ 56$$

$$Z=0.212\ 56+\mathrm{j}0.454\ 4=0.501\ 66\underline{/64°93''}$$

2）电导率减少一半，d 不变，得 $f/f_g=10$。同理查表 3-1 得

$$\mu_{\text{eff实}}=0.468\ 7 \qquad \mu_{\text{eff虚}}=0.349\ 4$$

$$\frac{\omega L}{\omega L_0}=1-0.8+0.8\times0.468\ 7=0.574\ 96$$

$$\frac{R}{\omega L_0}=0.8\times0.349\ 4=0.279\ 52$$

所以 $Z' = 0.259\ 72 + \mathrm{j}0.574\ 96 = 0.629\ 21\underline{/64°04''}$

3）电导率 σ 不变，直径 d 减小一半，同理查表 3-1 得

$$\mu_{\text{eff实}} = 0.699\ 2 \qquad \mu_{\text{eff虚}} = 0.368\ 9 \qquad \eta' = 0.2$$

$$\frac{\omega L}{\omega L_0} = 1 - 0.2 + 0.2 \times 0.699\ 2 = 0.939\ 84$$

$$\frac{R}{\omega L_0} = 0.2 \times 0.368\ 9 = 0.073\ 78$$

$$Z'' = 0.073\ 8 + \mathrm{j}0.939\ 8 = 0.942\ 7\underline{/85°5''}$$

从以上三个阻抗值及相位角可知，当电导率 σ 变化或直径 d 变化时，阻抗的相位是不同的。所以 f/f_g 选得稍高些，则电导率 σ 和直径 d 的变化量可以用相位法分离出来。

（3）当 $f/f_g = 200$ 时

1）查表 3-1 或图 3-11 可得到

$$\mu_{\text{eff实}} = 0.100\ 1 \qquad \mu_{\text{eff虚}} = 0.094\ 97$$

$$\frac{\omega L}{\omega L_0} = 0.2 + 0.80 \times 0.100\ 1 = 0.280\ 08$$

$$\frac{R}{\omega L_0} = \mu_{\text{eff虚}}\eta = 0.80 \times 0.094\ 97 = 0.075\ 976$$

$$Z = 0.075\ 976 + \mathrm{j}0.280\ 08 = 0.29\underline{/74°8''}$$

2）σ 降低一半，直径 d 不变，$f/f_g = 100$，查表及图可得

$$\mu_{\text{eff实}} = 0.131\ 3 \qquad \mu_{\text{eff虚}} = 0.141\ 6$$

$$\frac{\omega L}{\omega L_0} = 1 - 0.8 + 0.80 \times 0.141\ 6 = 0.313\ 28$$

$$\frac{R}{\omega L_0} = 0.80 \times 0.131\ 3 = 0.105\ 04$$

$$Z' = 0.105\ 04 + \mathrm{j}0.313\ 28 = 0.3304\underline{/71°6'}$$

3）σ 电导率不变，d 降低一半，$f/f_g = 50$，$\eta = 0.2$，可查得

$$\mu_{\text{eff实}} = 0.179\ 5 \qquad \mu_{\text{eff虚}} = 0.200\ 7$$

$$\frac{\omega L}{\omega L_0} = 1 - 0.2 + 0.20 \times 0.200\ 7 = 0.840\ 14$$

$$\frac{R}{\omega L_0} = 0.20 \times 0.179\ 5 = 0.035\ 9$$

$$Z'' = 0.035\ 9 + \mathrm{j}0.840\ 14 = 0.840\ 9\underline{/87°25'}$$

由以上计算可知，在设计涡流探头时，首先把特征频率 f_g 算出来，再选择适当的工作频率。选择时，使频率比 f/f_g 在 10 ~ 40 之间。

最后用公式计算出归一化阻抗值及其相位。即由 f/f_g 查表 3-1 或图 3-11 求出 $\mu_{\text{eff虚}}$、$\mu_{\text{eff实}}$，再求出 $\omega L/\omega L_0$ 及 $R/\omega L_0$ 值，进而算出 Z 值及其相位角，求出两种不同变化量的相位差。再设计出一定的电子仪器线路，将两种不同相位的变量分离出来。如重点是测出试件的裂纹，它包含在电导率 σ 的变化中，应设法把直径 d 的变化抑制掉，突出检测裂纹的分量，消除掉干扰信号。

2. 铁磁材料

铁磁圆柱体完全填充线圈（ $\eta=1$）的阻抗平面如图3-13b所示。由式（3-30）、式（3-31）得

$$\frac{E_R}{E_0}=\frac{R}{\omega L_0}=\eta\mu_{\text{eff实}}\mu_r=\frac{d^2}{D^2}\mu_{\text{eff实}}\mu_r$$

$$\frac{E_R}{E_0}=\frac{R}{\omega L_0}=\eta\mu_{\text{eff虚}}\mu_r=\frac{d^2}{D^2}\mu_{\text{eff虚}}\mu_r$$

$$f/f_g=\frac{\mu_r d^2}{5066}\sigma f$$

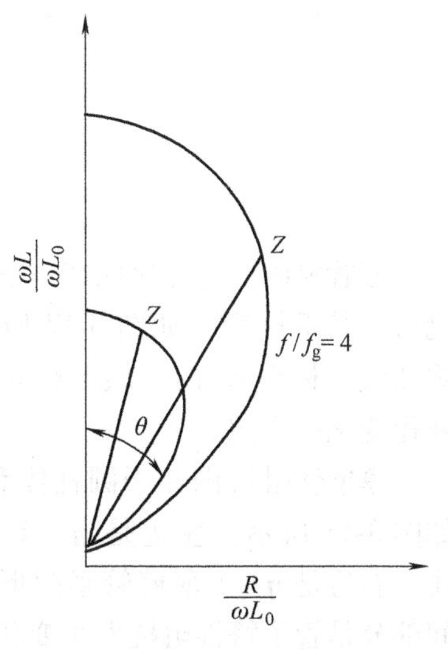

图3-16　磁性材料裂纹引起阻抗变化示意图

以上三式均有 $\mu_r d^2$ 项，在阻抗图上，μ_r 和 d 的效应是同一方向，因此不能用相位分析法予以分离，当有裂纹时，它将引起 σ 和 μ_r 减小。若 f/f_g 减小很多，归一化阻抗 Z 在绝对值和相位角上都有较大变化，如图3-16所示。如选择 $f/f_g<10$，这时夹角 θ 还可设法分离开来。一般磁性材料的起始磁导率变化相当大，所以采用大直流磁化方法使试件磁饱和以克服磁导率不均匀的影响。

3.5 管材的复阻抗平面

薄壁管特征频率为

$$f_g=\frac{5066}{\mu_r\sigma d_i t} \tag{3-32}$$

厚壁管采用外壁穿过式线圈时，特征频率为

$$f_g=\frac{5066}{\mu_r\sigma d_o^2} \tag{3-33}$$

厚壁管采用内插式（内穿过式）线圈时，特征频率为

$$f_g=\frac{5066}{\mu_r\sigma d_i^2}$$

式中　σ——电导率（$m/\Omega\cdot mm^2$）；

d_i——管材内径（cm）；

d_o——管材外径（cm）；

t——管材壁厚（cm）。

求得 f_g 后，确定工作频率 f，即可求出 f/f_g。查表3-1即可得到相应的 $\mu_{\text{eff实}}$ 和 $\mu_{\text{eff虚}}$，代入式（3-29）得

$$\frac{\omega L}{\omega L_0}=\frac{E_L}{E_0}=1-\eta+\eta_{\text{eff实}}$$

$$\frac{R}{\omega L_0}=\frac{E_R}{E_0}=\eta\mu_{\text{eff虚}}$$

式中　$\eta=\left(\frac{d}{D}\right)^2$，$d$ 为管外径，D 为线圈有效直径（平均直径）。

另外薄壁管的有效磁导率的 $\mu_{eff实}$、$\mu_{eff虚}$ 还可以从频率比 f/f_g 直接计算出来，即

$$\mu_{eff实}=\frac{1}{1+(f/f_g)^2} \tag{3-34}$$

$$\mu_{eff虚}=\frac{f/f_g}{1+(f/f_g)^2} \tag{3-35}$$

若管材内、外径比保持不变，管材外径变化时，其阻抗变化如图 3-17 所示，是一族半圆曲线。标有 d_a 的一族曲线表示阻抗随管材外径变化的方向。

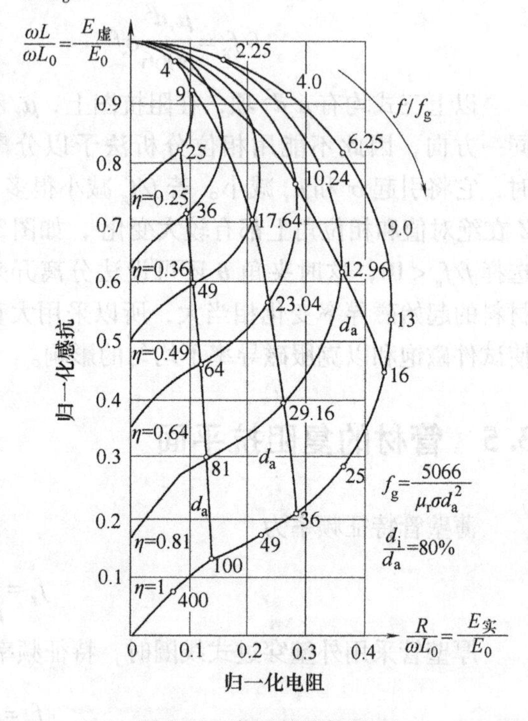

图 3-17　薄壁管阻抗平面

厚壁管阻抗图介于圆柱体和薄壁管之间，如图 3-18 所示。左边是 $\eta=1$ 圆柱的阻抗曲线，右边是 $\eta=1$ 薄壁管半圆形阻抗曲线，中间部分是管子特性阻抗发生变化的范围，也就是从薄壁管到棒材的过渡区。

厚壁管内径变化的影响如图 3-19 所示。

当厚壁 t 从 $\frac{d_a}{2}$ 变到零时，就成为空载线圈，每条虚线代表一个内、外径比 $\frac{d_i}{d_a}$（以百分比数计）。

厚壁管线圈的有效磁导率计算步骤如下：

1）在实心圆柱体线上算出 f/f_g，如 A 点 f/f_g 为 9。

2）把圆柱体从中心挖空，使内径为外径的 60%，则 B 点就是它的有效磁导率。同样 C 点表示 $\frac{d_i}{d_a}$ 为 70% 的有效磁导率，D 点表示 $\frac{d_i}{d_a}$ 为 80% 时的有效磁导率。

图 3-19 中实线曲线最内一条是实心圆柱体的有效磁导率，其余实线曲线是在电导率和外径 d_a 不变时，改变内径 d_i 和壁厚 t 后所得到的有效磁导率曲线。虚线是当 d_i、d_a 和 t 不变时，电导率 σ 和频率 f 变化所作出的阻抗曲线图。

电导率效应、壁厚效应、裂纹效应和最高试验灵敏度都发生在归一化视在阻抗实数部分达到最大值的地方。

厚壁管最佳灵敏度的频率比为

$$f/f_g=\frac{2}{\left(1-\frac{t}{r_a}\right)\frac{t}{r_a}}$$

式中　r_a——管材外半径（cm）；

t——管材壁厚（cm）；

f_g——与管材外径 r_a 相等的圆柱体特征频率。

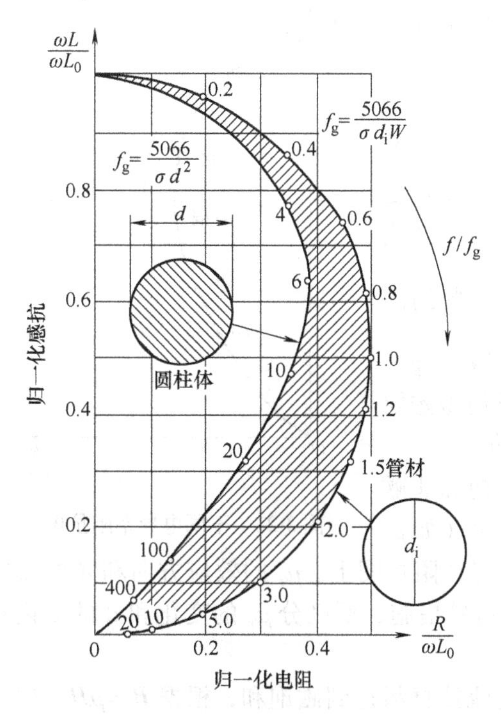

图3-18　非铁厚壁管变化范围

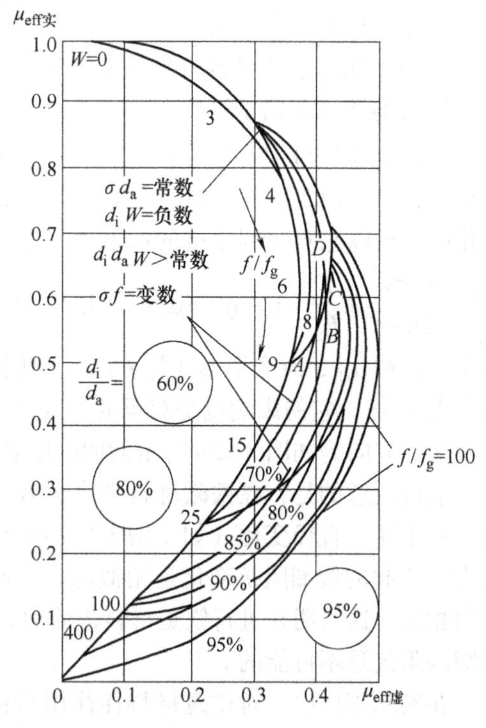

图3-19　非铁厚壁管的有效磁导率平面

3.6　影响线圈阻抗的各种因素

在实际应用时，电导率 σ、磁导率 μ、填充系数 η、试件几何形状、提离效应 Δd、试件的不连续性 C_r、边界效应和频率 f 均能影响检测线圈的阻抗。如图3-20所示，在阻抗图中它们各自变化的方向是不同的，利用这些差异采用适当的相位分离方法可以将各种因素分离开，现简要分析如下。

1. 电导率对阻抗的影响

从图3-7中可以看出，试件的电导率变化时，检测线圈阻抗变化为一半圆形，但实际上描绘出的阻抗图曲线却如图3-21所示的半叶形，原因是存在趋肤效应。渗透深度 $\delta=1/\sqrt{\pi f\sigma\mu}$，$\sigma$ 越大，渗透深度越小，趋肤效应越明显。如图3-21所示，从 A 点开始，电导率从0增加，σ 较小时，曲线具有大致与图3-7相同的弯曲程度。但随着 σ 增大，曲线就偏离了原先的半圆形状，电导率 σ 较大时，其阻抗曲线趋近于一次电阻 R_2 所限定的斜率（大约为45°）。因此图3-21曲线下部就完全偏离图3-7所示的半圆。

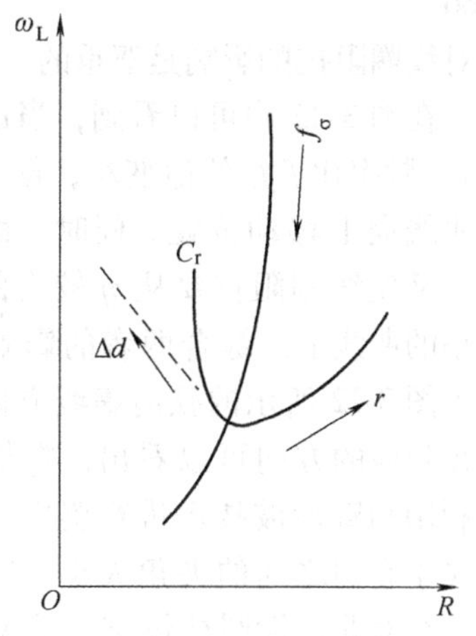

图3-20　阻抗变化图（非磁性板材）

显然，根据由不同导电材料组成的试件，其电导率的差异会引起检测线圈阻抗发生变化的原理，可以利用涡流检测进行材质分选。同时，材料的某些工艺性能（如强度、硬度）也与电导率有着对应的关系。因此，可以通过测试试件电导率 σ 的变化来推断材料的某些工艺性能。

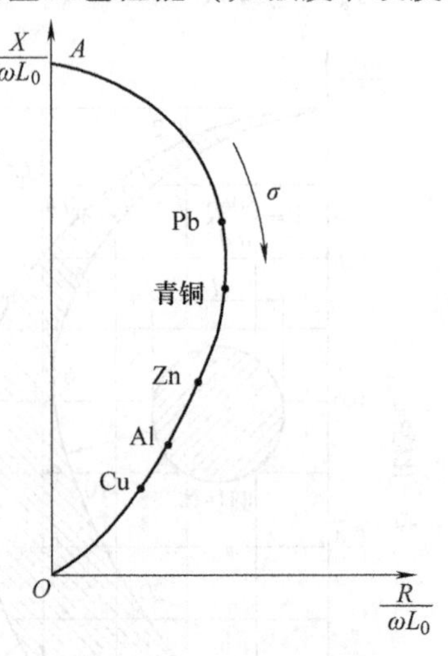

图 3-21 不同电导率阻抗图

2. 磁导率对阻抗的影响

在非磁性材料中，因为 $\mu_r \approx 1$，所以将磁导率看做不变化。但是，由于磁性材料的相对磁导率 $\mu_r >> 1$，而且是变化的，所以它对线圈阻抗的影响就不能忽略了。从公式 $f/f_g = \frac{f\mu_r\sigma d^2}{5066}$ 和 $\frac{E}{E_0} = 1 - \eta + \eta\mu_r\mu_{eff}$ 可以看到，铁磁材料的磁导率既影响 μ_{eff}，改变了参变量 f/f_g，又使特性函数中 $\eta\mu_{eff}$ 值增大 μ_r 倍，它的影响也是双重的。其影响结果使得磁导率效应的方向为如图 3-13b 所示的曲线的弦向方向。

值得注意的是，在铁磁材料中直径效应的方向和非磁性材料不同，直径变化（如 d 增大）和磁导率变化（如 μ_r 增大）引起的线圈阻抗变化是相似的。因此，反应在阻抗图上，μ_r 的效应方向和 d 的效应方向相同。这说明在进行铁磁材料检测时，如无特殊措施，要区分 μ_r 的变化和 d 的变化对线圈的阻抗是不可能的。

在实际探伤中，对铁磁材料往往用直流大电流使材料达到磁饱和，根据 $B = \mu H$，材料达到磁饱和时 μ 值的变化就小了。当 μ 等于或接近 1 时，直径变化轨迹和磁导率变化轨迹有较大相位差，此时磁导率 μ 与电导率 σ 有良好的分离性，磁导率 μ 与外径 d 两者的效应也有良好的分离性。

3. 试件几何尺寸和填充系数对阻抗的影响

在讨论含非磁性导电圆柱体线圈阻抗时，试件几何尺寸的变化通常以直径（或半径）来描述。试件直径的变化不仅影响 μ_{eff} 的参变量 $f/f_g = \frac{f\sigma d^2}{5066}$，也改变了填充系数 $\eta = (d/D)^2$ 的大小，因此，它对线圈阻抗的影响是双重的。

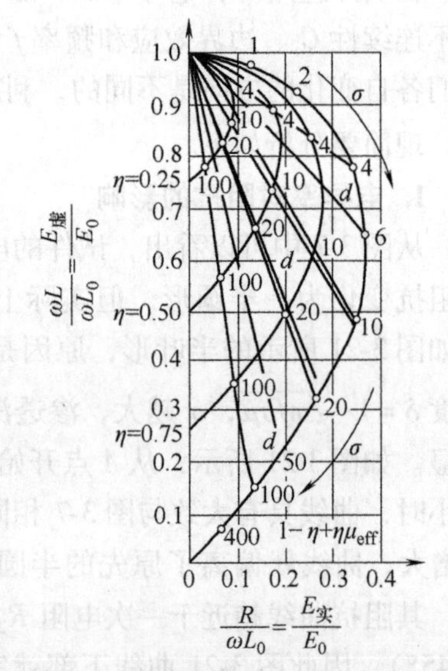

图 3-22 各种填充率的复数阻抗平面图

在图 3-22 中可以看到，当试件直径减小（即 d 减小），频率比 f/f_g 的值变小，使线圈阻抗沿着同一条 η 的曲线向上移动位置。同时，由于直径减小，η 值减小，又使线圈阻抗要从 η 较大的曲线上跳到另一条 η 较小的曲线上。综合两者的影响，直径效应的方向便成了图 3-22 所示的弦向虚线方向。比较电导率效应和直径效应的方向可以看出，它们之间有一个夹角，可以利用相敏检波技术进行鉴别。由于鉴别的难易程度取决于它们之间的夹角大小，因此，由阻抗图曲线可见，在对非磁性圆柱体试件检测时，为了较好地鉴别电导率效应和直径效应，选取频率 $f/f_g > 4$ 的频率比较合适。

4. 缺陷对阻抗的影响

缺陷对线圈阻抗的影响可以看做是电导率和几何尺寸两个参数影响的综合结果。因此，它的效应方向应该介于电导率效应和直径效应之间。在试件中，缺陷的出现是随机的，对于缺陷（如裂纹）的位置、深度和形状等综合影响所产生的缺陷效应，是无法进行理论计算的。所以，通常都是借助模型试验，取得在各种材料中不同形状、尺寸和位置的缺陷在不同频率下的试验结果，制成参考图表，以便为实际检测提供依据。

如图 3-23a 所示，用绝缘体制成相似裂纹模型放入水银柱模型中进行试验，测出实际读数，在不同试验频率下对各种裂纹逐个进行测试，取得一系列数据，然后描述成复阻抗平面图，作为实际操作选择试验条件时的参考标准。

图 3-23b 是在 $f/f_g=15$ 时，从试验中得到的 A 点放大了的复阻抗平面图，图中的 A 点相当于没有裂纹的情况。

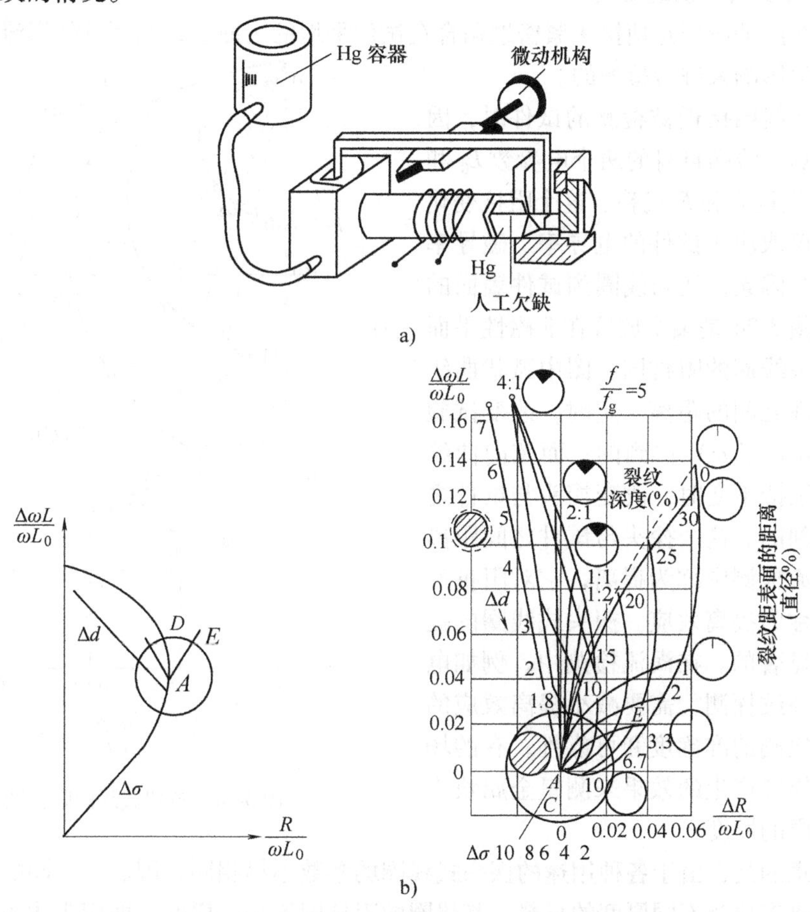

图 3-23　水银试验模型及裂纹引起的阻抗变化图

a）水银试验模型　b）表面裂纹及内部裂纹引起的阻抗变化图

图 3-24b 中标有 Δd 的线段表示对应直径变化的直径效应曲线，数字表示直径减小的百分率。标着 $\Delta\sigma$ 的线段表示电导率效应曲线，数字表示电导率增加的百分率。记有数字 10、15、30 等的实线表示试件带有宽深比 1∶100 的窄裂纹，其深度为直径的 10%、15%、30%

等时，线圈视在阻抗的变化规律。虚线代表裂纹宽深比 1∶30 的情形。最右边曲线的数字 10、6、7、…、1 表示内部裂纹顶端距试件表面的距离为 10%、6%、7%、…、1%。中部的 4∶1、2∶1 等数字是表示裂纹的宽深比。

由图 3-23b 可以看出，一条深宽比为 1∶100，深度为直径 30% 的皮下裂纹，当其顶端到表面的距离增大，视在阻抗将沿着记有 1、2、…、3.3、6.7、10 的曲线变化。而表面上宽的 V 形裂纹的深度变化时，视在阻抗则沿着标有 4∶2、2∶1 等刻度的曲线变化。

由图 3-23b 还可以看到，裂纹随着宽深比的增大，它的效应越来越转向直径效应的方向。根据这一点，可以对裂纹影响的危害性作出估计。例如，在进行涡流试验时，发现裂纹效应与直径效应之间的取向夹角很大时，表明裂纹的深度大，具有危害性的尖角裂纹就属于这种情况；反之，当材料上具有重划道等宽深比较大，对应用不构成危险的缺陷时，裂纹效应和直径效应之间的夹角就很小，甚至近似一致。

5. 提离效应对阻抗的影响

探头式线圈的应用是使探头紧密地贴合在试件平坦的表面上，利用试件涡流变化对线圈视在阻抗产生影响来进行检测的。

当探头式线圈接近被检测的试件时，因为涡流的影响，线圈自身的两个电参数 L_0 和 R_0 就被视在阻抗 L 和 R 代替。这个阻抗变化量的大小不仅取决于试件的电导率、磁导率及试验频率等因素，还与线圈到试件表面的距离有关。图 3-24 是某个放置在非磁性平面导体上的探头线圈的阻抗图。图中弧状曲线是探头到试件之间的距离一定时，改变试验频率 f（或电导率 σ）得到的；而弦向曲线是在 f 和 σ 维持不变时，改变探头与试件之间的距离得到的。这个探头与试件之间距离的变化在涡流检测中称为提离，它对阻抗产生的影响则称为提离效应。探头式线圈的提离效应是很显著的。在涡流检测中，例如电导率测量和裂纹探测，需要减小提离效应的干扰以提高检测的准确度和可靠性；有的场合又要利用提离产生的效果来测量金属块表面涂层或渡层的厚度。

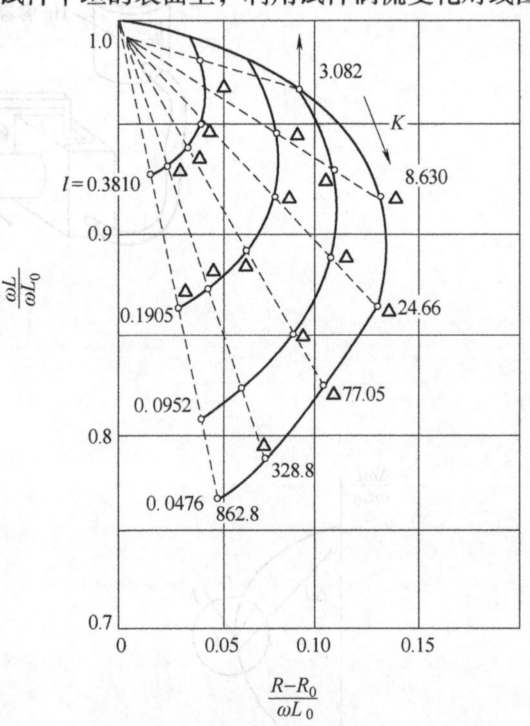

图 3-24　放置式线圈阻抗图

值得注意的是，由于各种用途的探头式线圈的参数不尽相同，因而以不同的频率和线圈到试件的距离来检测不同厚度的材料，其线圈的阻抗图不是一样的，即探头式线圈的阻抗图不能通用，仅能说明检测原理相同而已。

6. 边缘效应对阻抗的影响

试件为棒材和管材时，当检测线圈靠近试件两端或几何形状突变的地方，试件中产生的涡流会受端面和边缘形状的影响，其流经方向会发生扭曲，称为边缘（或边界）效应。其信号很大，有时使仪器无法工作，或使检测结果不准确。一般探头靠近边界 3～5mm 处，检测结果就不可靠。因此需尽量减小边界效应区域，在实际工作中往往使用小直径探头或增加一个合金开口环；或在仪器上加装头尾的信号切除装置，彻底去掉边界效应的回波。

7. 工作频率对阻抗的影响

频率和电导率效应在阻抗图上的影响是一致的。一般阻抗图都是以 f/f_g 频率比为参量而描绘出来的。如 f/f_g 选得过小（例如选 $f/f_g = 1$）则电导率变化方向与直径变化方向夹角 φ 很小，采用相位分离法难以分离。而频率比选得太高也并不理想，因此在涡流检测中要选择合适的频率比。

3.7　多频涡流及远场涡流

1. 多频涡流

多频涡流检测是实现多参数检测的有效方法，它是 1970 年由美国的 Libby 提出的。该方法采用几个频率同时工作，能有效地抑制多个干扰因素，一次性提出多个信号信息。我国现在已经能够批量生产该技术所需的系列化仪器及配套设备。

在信息传输理论中，一个信号传输的信息量同信号的频带宽度以及信噪比的对数成正比，用公式表示为

$$C = W\log_2\left(1 + \frac{S}{N}\right) \tag{3-36}$$

式中　C——信息的传输率（bit/s）；

W——频带的宽度；

S/N——信噪比（dB）。

式（3-36）表明，在信息传输的过程中，使用频率的个数越多，也就是频带总宽度越宽，获取的信息量越大。因此，可根据所需检测的作用参数（如缺陷、涂镀层厚度）和所要排除的干扰信号（如被检测飞机上的支撑架、蒙皮以及提高效应等），适当选取多个频率组合的电流去激励检测线圈，然后对受作用参数调制的输出信号按多个检测通道加以放大，分别进行解调，并把解调信号的各个分量以指定的方式组合起来，综合分析处理。

（1）多元一次方程组消元法　对于信号通道 C_i（$i=1, 2, 3, \cdots$）和作用参数 P_i（$i=1, 2, 3, \cdots$）来说，C_i 为

$$\begin{gathered} C_1 = a_{11}P_{11} + a_{12}P_{12} + \cdots + a_{1n}P_{1n} \\ C_2 = a_{21}P_{21} + a_{22}P_{22} + \cdots + a_{2n}P_{2n} \\ \cdots \\ C_m = a_{m1}P_{m1} + a_{m2}P_{m2} + \cdots + a_{mn}P_{mn} \end{gathered}$$

用矩阵表示为

$$[C] = [A][P] \tag{3-37}$$

这个线性方程组可以解得

$$\begin{gathered} P_1 = b_{11}c_1 + b_{12}c_2 + \cdots + b_{1n}c_n \\ P_2 = b_{21}c_1 + b_{22}c_2 + \cdots + b_{2n}c_n \\ \cdots \\ P_m = b_{m1}c_1 + b_{m2}c_2 + \cdots + b_{mn}c_n \end{gathered}$$

用矩阵表示为

$$[P]=[B][C] \tag{3-38}$$

从 C_i 得到的 P_i 变换是信号 C_i 的简单线性组合，系数 b_{mn} 是 a_{mn} 的单值解。由于在多参数检测系统中，需要的是实际变量分离，并不要求得到整个方程组的解，因此，尽管 a_{mn} 和 b_{mn} 预先都不知道，仍然可以通过相应的电子电路来实现参数的分离。

(2) 多维空间矢量转换法　从另一角度，也可采用多维空间矢量转换的方法对参数(即变量)的响应函数进行解释。如图 3-25 所示，试件参数采用矢量 $\boldsymbol{P}$ 表示，在多维矢量空间，矢量 $\boldsymbol{P}$ 是由 P_1、P_2、…、P_n 组成的。激励函数被试件参数调制后，转换成信号的多维空间 $\boldsymbol{C}$。信号矢量 $\boldsymbol{C}$ 也是一个合成矢量，它具有分量 C_1、C_2、…、C_n。然后，信号空间又转换成估算参数 $\boldsymbol{Q}$ 的空间。矢量 $\boldsymbol{Q}$ 同样具有分量 q_1、q_2、…、q_n，并影响试件参数 P_1、P_2、…、P_n。可见，多参数试验方法主要包括两个转换，第一个是试件参数对探头激励信号的调制，即试件参数量 $\boldsymbol{P}$ 转换成信号矢量 $\boldsymbol{C}$；第二个则是信号矢量 $\boldsymbol{C}$ 经过计算而转换成估算参数矢量 $\boldsymbol{Q}$。

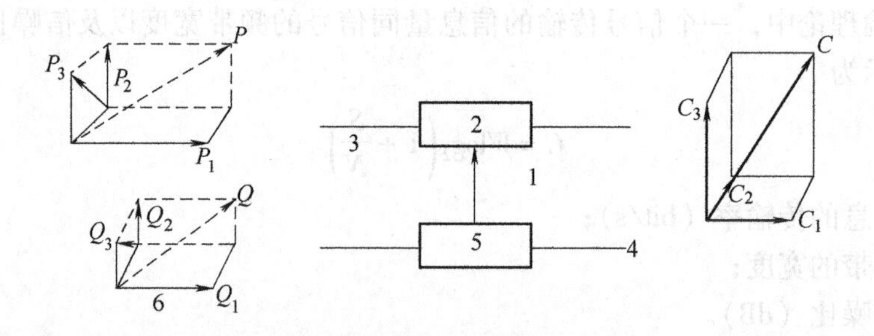

图 3-25　多维空间矢量图

1—探头激励信号　2—转换装置　3—参数 $\boldsymbol{P}$ 空间　4—信号 $\boldsymbol{C}$ 空间　5—估算装置　6—估算参数 $\boldsymbol{Q}$ 空间

(3) 多频涡流信号处理　多频涡流检测流程如图 3-26 所示。多频发生器给探头装置提供激励信号 $r_2(t)$，受工件参数的影响，探头的响应信号 $r_2(t)$ 中包括了工件参数影响的调制信号，$r_2(t)$ 信号按各自频谱送入滤波、检波单元。与此同时，多频信号也提供一组基准

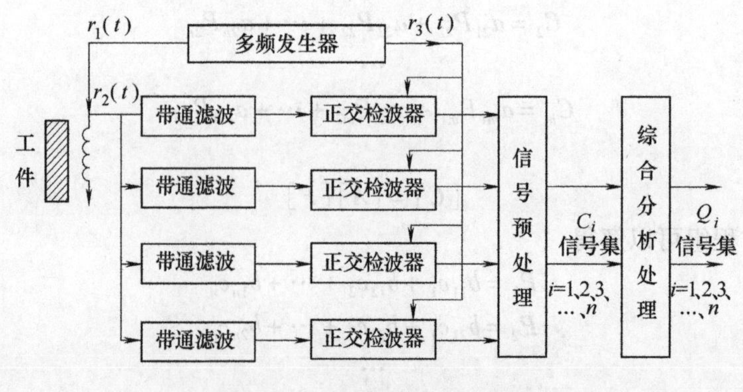

图 3-26　多频涡流检测流程图

信号 $r_3(t)$ 给正交检测电路。检波后的低频信号主要反映工件参数信号，这一组信号按一定方式进行预处理（阻抗平面分析、放大、旋转），给出信号集 C_i（$i=1$、2、3、…、n），C_i 的系数取决于对信号的要求，当所给工件参数不随时间变化时，这些系数信号也同样固定；但由于工作状态的改变，系数信号也将随响应信号的调制而改变。

C_i 信号集输入综合分析处理单元，按上述数学方法进行计算处理，实现从信号集 C_i 到与工件参数 P_i 相对应的估算信号集 Q_i 的转换。

（4）应用多频技术抑制干扰　涡流检测时，使用一个频率在复数阻抗图中有虚数分量 X 和实数分量 R 两个信号，用 n 个频率在理论上就存在 $2n$ 个通道，则有 $n-1$ 个干扰信号可以从缺陷信号中被分离掉。各通道信息的组合，利用变换技术就可以抑制干扰信号并区分出缺陷类型。

缺陷信号和干扰信号对探头的反应是相互独立的，两者共同作用时的反应为单独作用时反应的矢量相加。利用这一特点，可以通过改变检测频率来改变涡流在被检材料中的大小和分布，使同一缺陷或干扰在不同频率下对涡流产生不同的反应，通过矢量运算，消去干扰的影响，仅保留缺陷信号。

多频涡流检测技术就是用不同频率同时激励探头线圈，根据不同频率对不同的参数变化所取得的检测结果，通过上面所述的方法分析处理，提取所需信号，抑制不需要的干扰信号。

现在通过三频涡流检测介绍其检测原理。f_1 为基本探伤频率，f_2、f_3 分别为消除支撑板和探头提离干扰信号的辅助频率。将 f_1、f_2、f_3 三个频率的正弦波混迭激励到差动线圈内，即在线圈周围的管壁内产生相应的涡流。当匀速移动探头时，涡流场随工件（管道）状况而发生变化，也就使得 f_1、f_2、f_3 相应的阻抗信号发生变化。通过各检测通道将这些变化信号分别检出、放大和移相等处理，得到如图3-26所示 C_i（$i=1$、2、…、6）信号集。它们都包含了工件参数信号（可能存在的缺陷、支撑板、探头提离等信号）。信号的转换分为以下两个步骤：

1）抑制支撑板干扰。f_1、f_2 的阻抗平面图如图3-27所示，从图中可以看出它们之间的支撑板图形有三个特点：幅度不同、形状不同、相互之间呈现不同的取向。保持 f_1 的参数不变，将 f_2 图形经过因子变换，即改变图形的水平和垂直比率以及图形旋转等处理，把 f_2 图形上的支撑板轨迹调节成与 f_1 对应的图形上支撑板轨迹一致（见图3-28）。

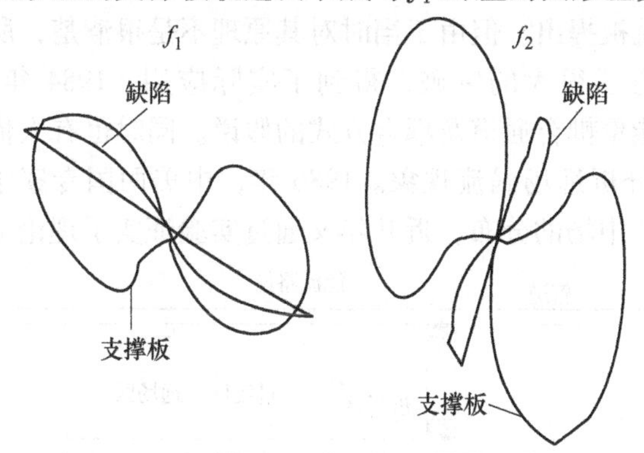

图3-27　f_1、f_2 的阻抗平面图

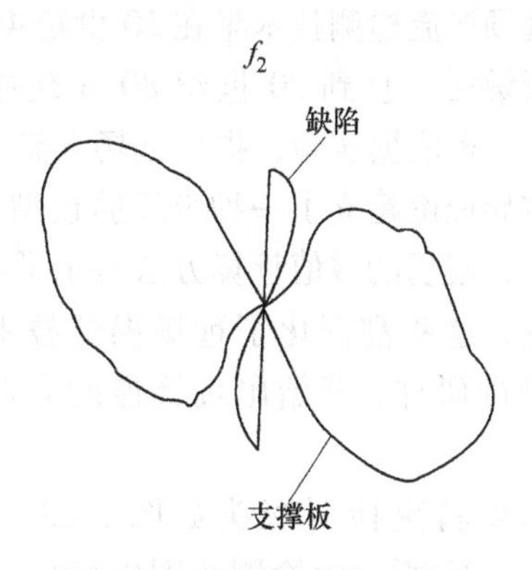

图3-28　经调节后的 f_2 图形

将两图形矢量相减，即可消除支撑板信号，由于f_1图形与作了处理的f_2图形的缺陷相位、幅度均不相等，因此矢量相减后，缺陷信号仍可以保留（见图3-29）。

2）抑制探头提离干扰。探头晃动（提离）造成探头与工件间隙的变化，其影响信号如图3-30a、b所示。

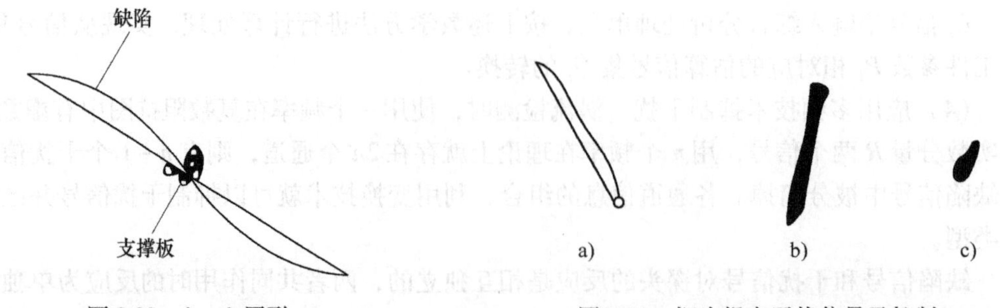

图3-29 f_1-f_2图形

图3-30 探头提离干扰信号及抑制
a) f_1-f_2 b) f_3 c) $f_1-f_2-f_3$

同样将频率f_3所反映的阻抗平面图经旋转、比例调整，与上一步骤得出的转换信号再一次进行矢量相减，即可基本消除探头提离的干扰信号（见图3-30c），多频涡流检测抑制干扰的效果如图3-31所示。

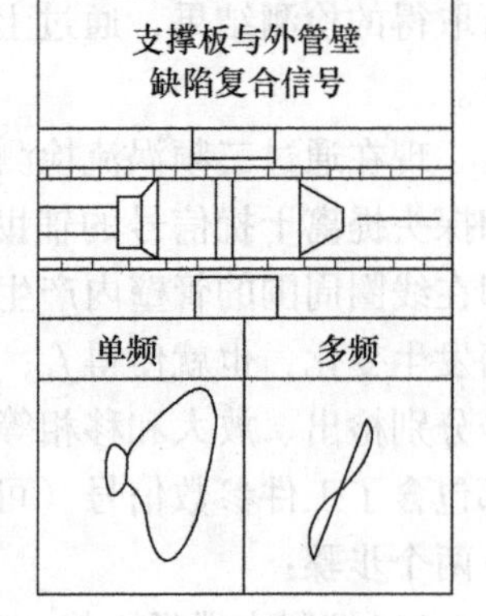

图3-31 多频检测获取的信号

2. 远场涡流

远场涡流检测技术是一种能穿透管壁的低频涡流检测技术，其探头是内穿过式的探头，由两个与管轴同轴的螺线管线圈组成，其中一个是通过低频交流电的激励线圈，另一个是检测线圈。与常规涡流检测探头线圈不同的是，检测线圈不是紧靠着激励线圈，而是在远离激励线圈2~3倍的管内径处；检测量不是线圈的阻抗变化，而是测量检测线圈的感应电压与激励电流之间的相位差。远场涡流检测除了具有一般涡流检测的优点以外，对非铁磁性和铁磁性导管材的内外壁缺陷具有相同的灵敏度，而且不受趋肤效应的限制，检测区域的场以穿透式两次穿过管壁，一个探头能同时检测凹坑、裂纹和壁厚变薄等缺陷及损伤，因此被认为是一种最有发展前途的管道检测技术。

远场涡流检测技术早在20世纪40年代就被提出。但由于当时对其原理不是很清楚，所以发展缓慢，直到20世纪80年代中期才有了很大的突破，得到了实际应用。1984年，Schmidt TR依据实验，提出远场涡流现象中能量耦合通道及耦合方式的假说。同时也有人借电磁波导理论建立了一种半经验模型，定量分析远场涡流现象。1986年，中美两国专家学者合作，用场的数值计算方法展示了远场涡流中场的分布，近几年又通过实验证实了理论上的假说，这些都深化了远场涡流技术和机理的研究，开始出现管道的商业产品。

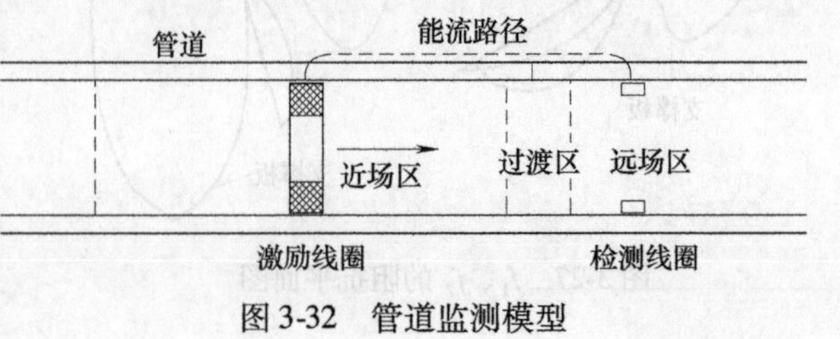

图3-32 管道监测模型

远场涡流检测探头如图3-32所示。图3-33所示为检测线圈中感应电动势及其与激励电流之间的相位差随

两线圈之间距离 D_{ed}（以管内径 D_i 的倍数表示）变化关系曲线，即信号-距离特性。信号-距离特性可定性分为以下三个区域：

1）当 $D_{ed}<1.8D_i$ 区域时，感应电动势随距离的增大而剧减，相位差变化不大。这是因为检测线圈与激励线圈直接耦合剧减所致，符合一般的涡流检测理论，称为近场区域直接耦合区。

2）当 D_{ed} 增大到（2～3）D_i 以后，幅值与相位均以较小速率下降，且管内外相同，其相位滞后大致正比于穿过的管壁厚，可以近似用一维趋肤效应相位公式计算，即

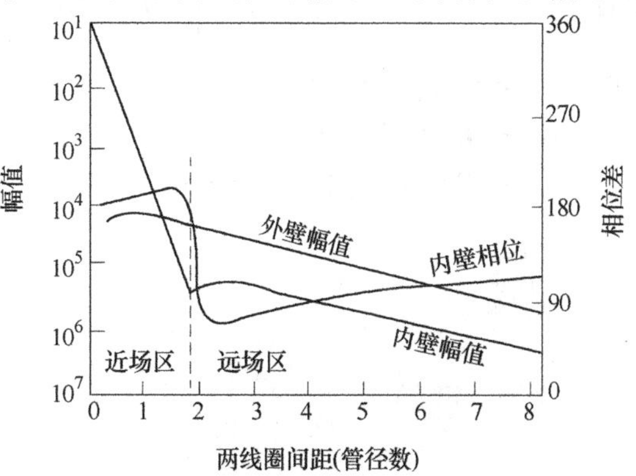

图 3-33 检测线圈信号-距离特性

$$\theta=2t\sqrt{\pi f\mu\sigma}$$

式中 θ——感应电动势的滞后相位；

t——管壁厚（mm）；

f——激励频率（Hz）；

μ——管材的磁导率；

σ——管材的电导率。

这个区域称为远场区，对于这个区域的规律，传统的涡流概念已无法解释。出现于远场区的特殊现象，称为远场涡流效应。

3）远场与近场之间的区域称为过渡区。在过渡区内，感应电动势下降速率减小，有时甚至出现微弱增加的现象，同时相位差急剧变化。

远场涡流现象取决于管子中发生的两个主要效应：一是沿管子内部对激励线圈直接耦合磁通的屏蔽效应；二是存在能量两次穿过壁管的非直接耦合路径，源于激励线圈附近区域管壁中感应周向涡流，周向涡流迅速扩散到管外壁，同时幅值衰减、相位滞后，到达管外壁的电磁场又向管外扩散，管外场强的衰减较管内直接耦合区衰减速度慢得多，因此管外场又在管外壁感应产生涡流，穿过管壁向管内扩散，并再次产生幅值衰减与相位滞后，这也就是远场区检测线圈所接收到的信号。

对图 3-32 所示管道检测模型进行有限元数值仿真计算，揭示了远场涡流现象中场的分布规律如图 3-34 所示。由图可见，约有 90% 的磁通紧紧束缚在激励线圈附近（见图 3-34b 中 OX 段），在其余的 10% 中，9% 在距离激励线圈一个管径以内的区域（见图 3-34b 中 AY 段）。在大约距激励线圈一倍管径的地方，由于管内感应涡流合成磁通改变了方向，它们离开激励线圈顺管轴方向“走去”。只有总磁通的 1% 在管壁内部的流向是离开激励线圈的。在两倍管径以外，磁通变化比较平稳，且多数分布在管子外壁。从磁力线分布规律还可以看到，管外场在轴线方向衰减远小于管内，在远场区检测线圈检测到的磁场已是两次穿透管壁的磁场量，从而带有整个管壁的信息。

在描述电磁场问题时，常用坡印亭矢量 $\boldsymbol{P}=\boldsymbol{EH}$ 表示场点能流密度的大小和方向，在正弦交流情况下：

$$i=I_m\sin\omega t \qquad H=H_m\sin\omega t \qquad \boldsymbol{E}=E_m\sin(\omega t-\boldsymbol{e})$$

应有

$$P=\left[\frac{2}{2}P_{m}\cos\theta-\frac{2}{2}P_{m}\cos(2\omega t-\theta)\right]\boldsymbol{e} \tag{3-39}$$

式中　$P_m = E_m H_m \sin\alpha$；

α——$\boldsymbol{E}$ 和 $\boldsymbol{H}$ 的夹角；

$\boldsymbol{e}$——$\boldsymbol{E}\times\boldsymbol{H}$ 方向上单位矢量。

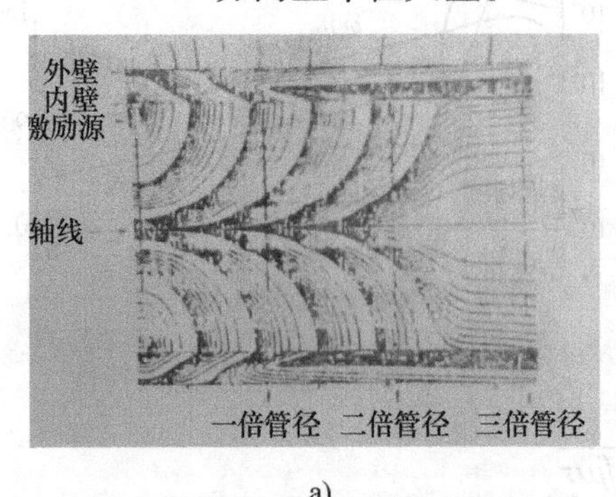

a)

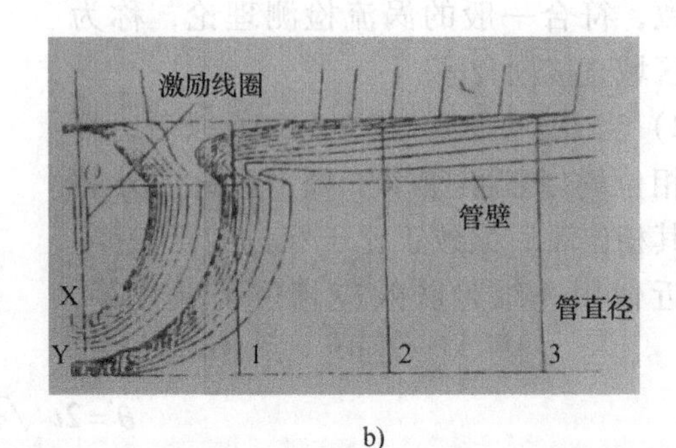

b)

图 3-34　远场涡流场分布规律

a）用有限元方法绘制的幅值场图　b）距激励源三倍管径内的磁力线（已将 90% 的磁通量从图上删去）

能量流的概念一般用于描述与电磁波传播有关的现象，很少用来描述位移电流可忽略的低频电磁现象。因为是低频，所以时变涡旋电场产生的位移电流完全可以忽略，只对传导电流密度矢量等进行分析。由此可见，远场涡流现象是一种典型的扩散现象。通过能量流的概念来研究远场涡流现象将于有利于揭示远场涡流技术中能量与缺损交互作用的基本原理。图 3-35 是在图 3-34 的场量数值仿真基础上得到的坡印亭矢量方向图，由图 3-35 可知：

1）紧靠激励线圈处（即近场区），能量流由管内向管外传送。

2）远场区能量流由管外向管内传送。

3）向外与向内的两股能量流在过渡区相遇。

因此，从能量传递的观点看，远场区的检测线圈检测到的已是两次穿过管壁上的能量了，带有整个壁厚的信息，而不再受趋肤效应的限制。

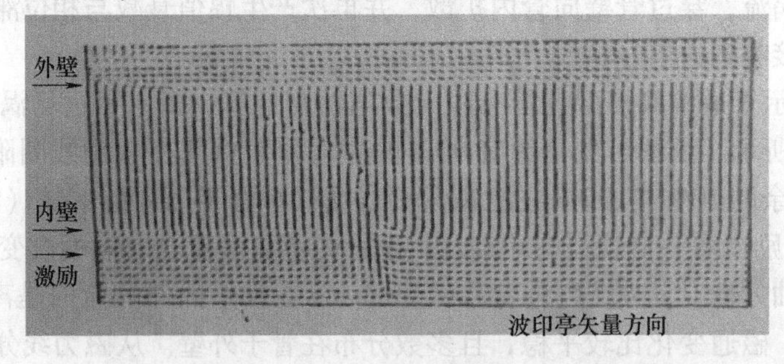

图 3-35　用有限元方法绘制的坡印亭矢量方向图

如果能把诸如能量传递过程中的规律、速度、时间、缺损对能量传输和检测信号的影响以及它们之间的交互作用等看不见、摸不着的远场涡流现象中的内在电磁场运动规律和能量传递过程展现出来，显然有助于揭示和理解其原理。通过对涡流场的数值仿真采用 CAD 图像技术和动画技术研制成展示远场现象的动画录像。该动画录像中展示出三条特征瞬时磁力线的运动，如图 3-36 所示。图 3-37 所示为从动画录像片中择取的几幅不同瞬时值磁力线的分布图，图中右上角的数字表示该瞬时的电工角度 ωt 值，下方的数字表示距激励线圈的距离（用管径倍数表示）。值得特别注意的是零值磁力线，在该磁力线上能流密度为零，也就是说，零值磁力线的两边是磁场能量储存的地方。因此零值磁力线的运动表征了磁场能量流的运动规律和能量传递过程。

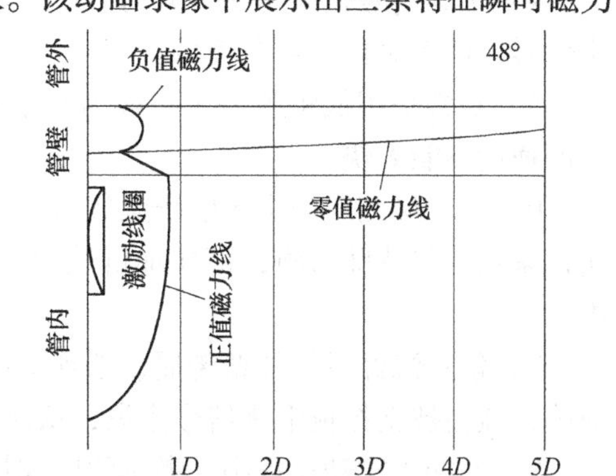

图 3-36　动画录像片画面说明

动画录像包含了大量的信息，是理解和分析研究远场涡流技术机理的有效工具。仔细分析比较图 3-37 各幅场图可看出：

1）零值磁力线始终围绕着管壁内一点顺时针转动，一个周期内转两圈。该点即相位节点，显示出激励线圈中部分能量两次穿过管壁传输至远场区，在一个电源周期能两次往返于电源与场之间。

2）可用零值磁力线的移动计算能量在其传递通道上传递所花费的时间，零值磁力线两次穿过管壁的速度大体相等，但不完全相等；零值磁力线在管内外的运动速度不相等；在管外空气中扩散的速度远大于其在管壁中的扩散速度，这些速度与电磁波在这些介质中的传播速度无法比拟，所以在远场涡流现象中能量绝不是以电磁波的方式传播的。

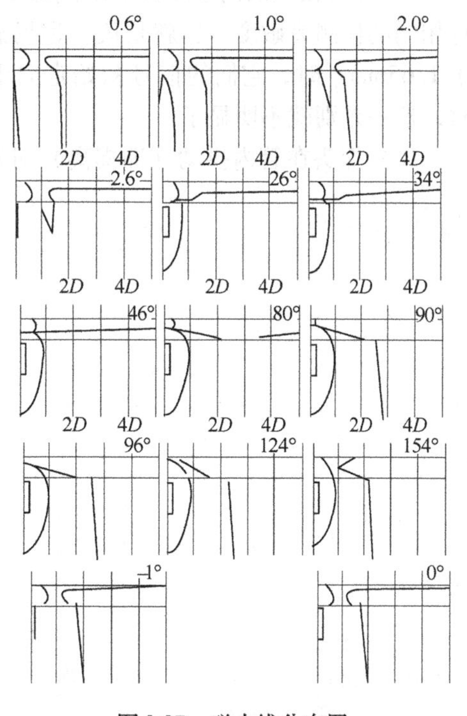

图 3-37　磁力线分布图

3）远场涡流检测中常用的敏感参数是检测线圈电压与激励线圈电流的相位差。比较相位差的大小与激励线圈中的能量扩散至检测线圈的时间相对应。

4）正值磁力线和负值磁力线具有鲜明特点，一个是在近场区环绕的闭环曲线，电流增大，磁力线从激励线圈向整个空间扩散，部分穿进管壁内，激励电流减小则磁力线又向激励线圈收缩；另一个是匝链管壁内涡流的封闭磁力线环。

远场涡流检测的特点如下：

1）能量流两次穿透管壁并沿管壁传播，因而能以相同的灵敏度检测管子内外壁的凹坑、裂纹等缺陷及壁厚减薄，不受趋肤深度的限制。

2）管壁厚度与相位差近似呈线性关系，所以非常适合于厚壁检测。

3）由于能量流穿透管壁，不受趋肤效应的限制，可对碳钢或其他强铁磁性管进行有效的检测。

4）远场信号很微弱，一般为μV数量级，必须用高灵敏度的锁相放大器才能有效地检出信号，因而对仪器要求较高。

5）通常采用低频激励（一般为几十到几百赫兹）。为保证能清楚地显示信号，探头移动的速度不能太快。

6）由于检测线圈距激励线圈较远，探头的轴向尺寸较长，不利于通过弯管段。研究表明，采用一些特殊措施，例如加屏蔽盘、开磁饱和窗等，能把这个距离缩短到一倍管径以内。

7）能量流经过管外壁传播，遇到支撑板时会发生极大的干扰信号，若恰在支撑板处有缺陷，就会被支撑板干扰信号淹没，从而难于检测到缺陷。

8）在探头拉动过程中，激励线圈和检测线圈先后两次经过同一个缺陷，就会出现两次信号，这给判读带来困难。

9）深度相同的内壁或外壁缺陷都以几乎相同的方式影响能量流的衰减和相移，因而具有相同的检测灵敏度。也就是说，远场涡流无法分辨内壁的和外壁缺陷。在管壁较厚（大于1.65mm）时，它们的信号初始走向不同，借此可大致区分内外壁缺陷，但在管壁较薄时，这一差别就不明显了。

10）探头在管内抖动（即提离）对检测基本无影响。

第4章　涡流检测线圈

检测线圈是涡流检测中的一个重要组成部分，也称为探头。一般情况下，检测线圈都是在远离涡流检测仪器的地方（最远的可达数十公里）工作。因此，既可以把它看做是涡流检测仪器的外延，也可以把它看做是涡流检测中一个重要的独立部件。在自动涡流检测设备中，检测线圈、检测仪器和机械装置之间的关系如图4-1所示。它们之间是相辅相成的关系，任何一部分不具有相应的功能，或它们之间不能很好的匹配，都不能有效地完成检测任务，所以说它们既是独立的，又是有机的结合体。

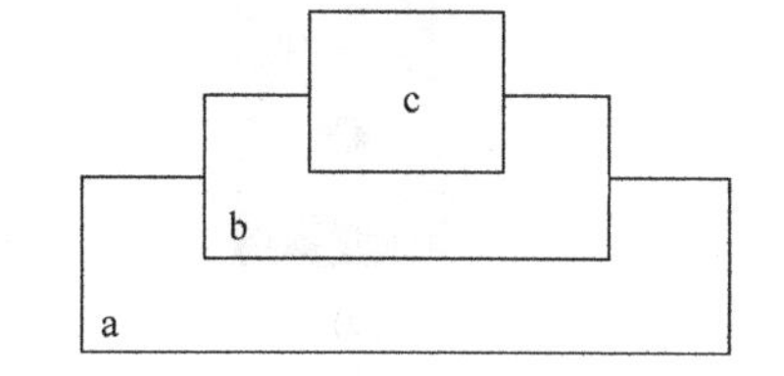

图4-1　涡流自动检测设备部件关系示意图

a—机械装置　b—检测装置　c—检测线圈

涡流检测线圈的功能如下：

1）激励交变磁场。检测线圈必须能在被检试件上建立一个交变磁场，这是在被检试件中产生涡流的充分条件，其必要条件是被检试件必须是导电体。

2）检测信息。检测线圈必须能有效地测量出涡流激励磁场进入试件后，与试件产生磁场形成的合成磁场的变化，并且对测量这个合成磁场中的微小变化具有较高的灵敏度，即对这个合成磁场中的微小变化有较高的检出能力，对这个合成磁场中不同因素引起的变化有较高的的分辨能力（高检出率、高分辨率）。

3）抑制干扰。由于涡流检测的特点，很多因素都可以引起检测中合成磁场的变化。当只需要检测其中某单一信息的时候，其他的因素都成为干扰源，加之其他一些因素的干扰（如磁噪声、仪器噪声、电源噪声及提离等），仅仅依靠仪器来处理掉这些干扰是比较困难的。如果能加大检测线圈抑制各种不需要信息的能力，将大大提高整个涡流检测设备的检测效果。

4.1　检测线圈的分类

1. 按线圈几何结构分类

按几何结构，检测线圈可分为穿过式线圈、内插式线圈、点式线圈、扇形线圈及平式线圈等。图4-2是上述几种类型线圈的照片。

1）试样穿过其中进行检测（探伤）的线圈称为穿过式线圈。图4-2a是探伤用的穿过式线圈；图4-2b是分选用的穿过式线圈。它们的共同特点是检测速度快。

2）插在试样内孔或管材内壁进行探伤的线圈称为内插式线圈。在检测时，试样中心线应与线圈轴线重合。为了在试样被检部位得到较为集中的磁场，一般在线圈芯部安放铁氧体磁心。图4-2c是内插式线圈。

3）点式线圈如图4-2d所示，它的主要特点是具有很小的体积，最小直径可以做到2mm以下。与内插式线圈相同，为了提高灵敏度，在线圈心部安放铁氧体磁心。图4-2d所示为探头可以自转的点式线圈。

4）扇形线圈主要是为焊接管材、检验焊缝焊接质量设计的。它的检测面是一个扇形弧度。图 4-2e 是扇形检测线圈的照片。

5）平式线圈用来检测与线圈轴线垂直的平面试件。一般仅用很少的几匝线圈组成。图 4-2f 是平式线圈组成的检测装置照片。

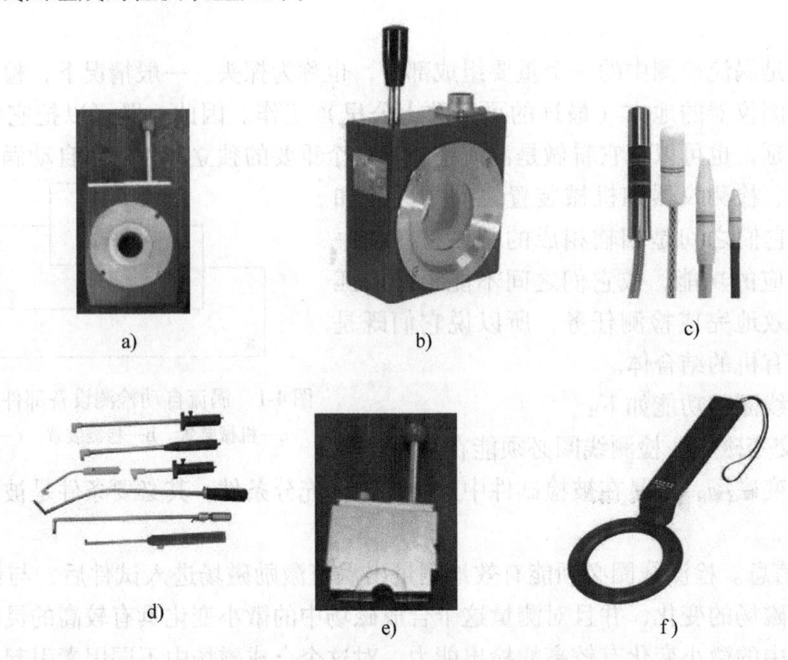

图 4-2　检测线圈按几何形状分类

2. 按激励电源分类

按激励电源进行分类，检测线圈可分为正弦波电源激励的（包括单一频率或多个频率）检测线圈和脉冲电源激励的（包括单一频率和多个频率）检测线圈。

3. 按线圈相对位置分类

按线圈的相对位置不同，检测线圈可分为：单一线圈，即激励和测量线圈为同一线圈；分用式线圈，即激励线圈为一组单独线圈或几组串、并联线圈组成，测量线圈为另一组单独线圈组成或几组串、并联线圈组成。分用式线圈的激励和测量线圈可以共绕在一个骨架上，也可以分绕在不同骨架上；工作时可以放在一起，也可以放置在相互距离较远的位置。一般把单一线圈称为自感式，分用式线圈称为互感式。

4. 按工作方式分类

1）绝对式线圈。绝对式线圈如图 4-3a 所示，它只有一个线圈。试样的各种变化，如材质、尺寸、不连续等都能引起它的反应，它对周围环境温度的变化也有反应。穿过式、内插式、扇形、平式和探头式线圈都可按绝对式连接。

2）自比式线圈。自比式线圈如图 4-3b 所示，采用两个相距很近的相同线圈检测同一试样两个部位的差异，也称邻近比较式。自比式线圈对试样上缓慢的变化信号有抵消作用，如同一较长试件上不同的热处理状态以及几何尺寸的缓慢变化。自比式线圈只能检测出突变信号，对试样传送振动的影响比其他连接方式要小，对周围环境温度的影响也较小。因此自比式线圈能检出更小的变化信息。自比式线圈在涡流检测中已被广泛采用。自比式线圈在钢管探伤中对轧制方向上长缺陷如划伤，只在缺陷的两个端部才产生信号，而在缺陷的中央部位由于两个线圈都处于有缺陷部位上，信号被抵消。因此对试样上一根从头到尾的长裂纹（假定这根裂纹深度相等），用自比式线圈是无法检测出来的。各种几何结构的线圈都可按自比式连接。

3）他比式线圈。他比式线圈如图4-3c所示，也有两个线圈，但一个比较线圈是放在标准试样上，这种线圈的检出信号是两个试样间存在的差异。与绝对式线圈相同，它受到试样材质、形状及尺寸变化的影响。但对试样轧制方向从头到尾深度相等的裂纹能够检出。他比式线圈用于材料分选检测，较其他两种方式，具有很高的灵敏度。

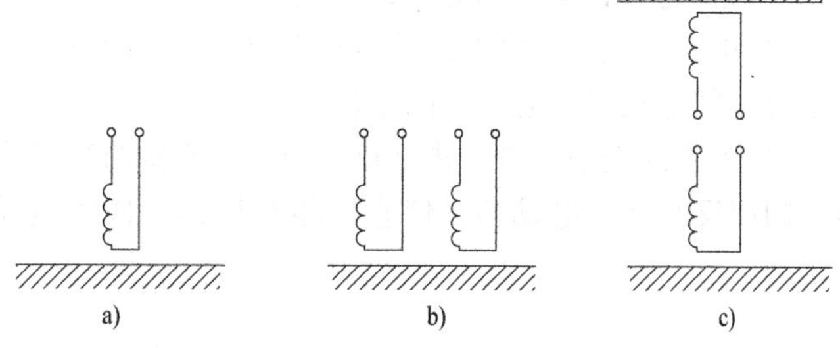

图4-3　检测线圈的连接方式
a）绝对式　b）自比式　c）他比式

5. 按检测线圈与试件相对运动方式分类

1）检测线圈不动、试件运动。如在滚珠、小螺栓等小件产品的高速分选中，采用穿过式检测线圈，线圈位置固定，试件成批量地从线圈中间通过来进行检测；钢管探伤中用的穿过式线圈，线圈不动，钢管逐支高速从线圈中间通过。这种方式还可用于多通道并行排列板材的探伤等。

2）试件不动、检测线圈运动。用手动进行检测时，一般是采用这种方式最为简单。对在役设备的定期检查，如核反应堆用管，将内插式检测线圈用气压吹入，然后匀速拉回，在拉回的过程中实施检测；还可用于大型管道检测的爬行器等。

3）检测线圈和试件均运动。在板材的自动探伤中，采用较少通道进行检测。为了保证检测质量，必须达到100%的扫查覆盖，如图4-4所示的“之”字形扫查路线，就是让探头横向来回移动、板材直线前进的方式来进行检测的。管材探伤采用点式旋转线圈，如图4-5所示。线圈高速旋转、管材直线前进，是在管材表面进行螺旋式扫查。

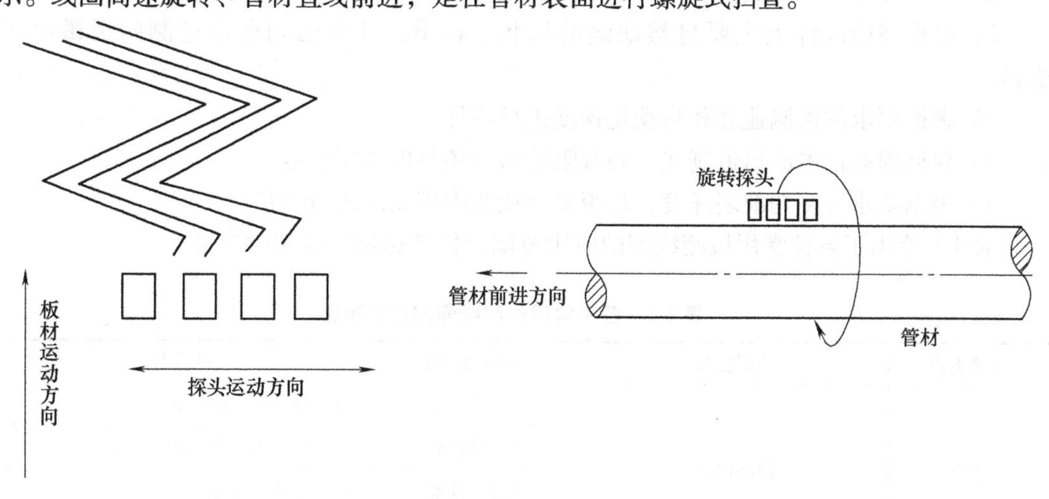

图4-4　板材探伤示意图

图4-5　管材探伤示意图

6. 按激励绕组和测量绕组磁通方向分类

如果把平行于圆棒（管）试件轴线的条、板形试件长度的磁通方向称为纵（轴）向(以下简称纵向)，而把垂直于纵向的磁通方向称为横向，则可把检测线圈分为纵向激励，横向测量；横向激励，纵向测量；纵向激励，纵向测量；横向激励，横向测量。

7. 按测量线圈读取信号方式分类

1）磁差式线圈。磁差式是指利用两个相反的磁场在检测线圈上的差，使检测线圈感应电动势（零电动势）趋于零的结构。

2）电差式线圈。电差式是指两个差动连接的测量线圈在相同磁场作用下产生幅度相同而方向相反的感应电动势，使它们相互抵消，使零电动势趋于零的结构。其原理如图 4-6 所示。

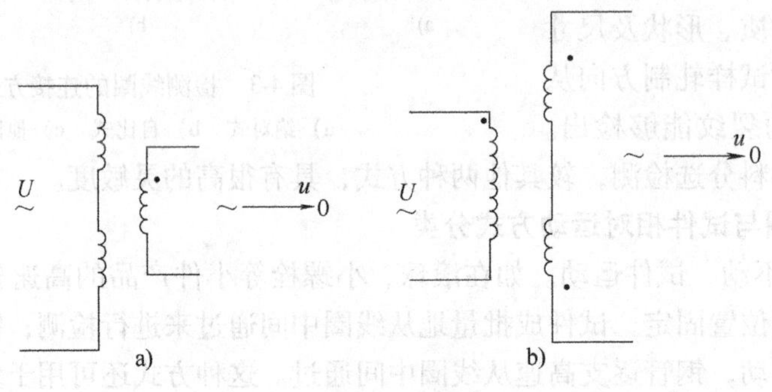

图 4-6　电原理图

a）磁差式　b）电差式

4.2　检测线圈的选择和性能指标

1. 检测线圈的选择

检测线圈的选择应考虑如下原则：

1）根据被检试件的批量、大小、形状及性能（是否铁磁材料）进行选择。

2）根据被检试件上主要自然缺陷的形状、种类，并考虑到所需检测的灵敏度进行选择。

3）根据要求的检测速度和自动化程度进行选择。

4）根据现有仪器的通道制式，是取阻抗信号还是取电压信号。

5）根据要求检测的缺陷深度，是否要求检测内部缺陷进行选择。

表 4-1 给出了各种常用检测线圈的应用范围，供选用检测线圈时参考。

表 4-1　各种常用检测线圈的应用范围

检测类别	检测目的	使用线圈型式	试件种类
探伤	缺陷检测	穿过式线圈	丝、线、管、棒、球
		点式线圈	管、棒、板、带、坯、零件
		内插式线圈	管材及钻孔内经
		扇形线圈	焊缝

（续）

检测类别	检测目的	使用线圈型式	试件种类
材质鉴别	鉴别不同材料和材料质量	穿过式线圈	管、棒、铸、锻、零件
		点式线圈	坯、板、棒、管
	电导率测定	点式线圈	零件
膜厚测定	膜厚、涂层厚度测量	点式线圈	板、零件
尺寸检验	形状尺寸检验	穿过式线圈	线、管、棒
		点式线圈	板、带

2. 检测线圈的性能指标

用于不同目的的涡流检测线圈有不同的评价标准，下面以探伤用检测线圈的性能评价加以说明。

评价涡流检测用检测线圈的性能，主要有如下几个指标：

1）灵敏度。检测线圈能检出的缺陷越小，一般就说这种检测线圈的灵敏度（或检测能力）越高。但这样说并不确切，应该说在保证一定信噪比条件下（而不是一定缺陷信号幅度条件下），检测线圈能检出的缺陷越小，其灵敏度就越高。在此，重要的是信噪比，而不是信号幅度。

2）分辨率（分辨能力）。检测线圈所能分开检测的两个最近缺陷之间的距离就是它的分辨率。这个距离越小，分辨率越高。

3）准确度。准确度是指检测线圈准确探测缺陷的能力。它包含误检和漏检两个概念，误检是指不是缺陷误认为是缺陷，漏检是指有缺陷检不出来，漏掉了。误检和漏检均是越小越好。

4）抗干扰能力。抗干扰能力是指检测线圈对于缺陷以外的试件上各种物理参数引起的“噪声”的抑制能力以及抑制机械跳动、检测线圈与试件之间偏心等引起噪声的能力。

5）检测速度。检测线圈在保证检出校准人工缺陷且没有漏检、误检的情况下，允许采用的速度越高，就称检测线圈的检测速度越高。

6）穿透能力。穿透能力是指检测线圈对试件内部缺陷的检测能力，能检测到的缺陷离试件表面越远，说明检测线圈的穿透能力越强。

7）线性度。检测线圈对深度不同的缺陷的检测，如果缺陷信号幅度与缺陷的深度之间的关系具有直线关系，说明这种检测线圈的线性度好；反之，若这种关系呈非线性，则说明检测线圈的线性度差。

8）检测不同类型缺陷的能力。在金属材料探伤中，人们最感兴趣的指标是能检测的缺陷的深度，如果检测线圈对不同类型缺陷、相同深度的缺陷具有相同的灵敏度，则说明这种检测线圈具有极好的检测各种不同类型缺陷的能力。如果对不同类型缺陷、相同深度的缺陷具有不同的灵敏度，则说明检测不同类型缺陷的能力较差。

4.3　检测线圈的实例及分析

1. 穿过式线圈

图4-7所示为一只用于铜管探伤的穿过式线圈剖视图。图中画出了测量线圈和激励

线圈。

激励线圈：用 $\phi0.31$mm 的漆包线绕 360 匝。

测量线圈：用 $\phi0.05$mm 的漆包线各绕 600 匝，两只差动连接。

骨架由胶布棒或尼龙棒车制而成。

激励频率为 10kHz。

线圈内径比骨架内孔外径大 1mm，即骨架绕测量线圈处的厚度为 0.5mm。

该线圈与 NE-30B 型等涡流检测仪连用时的灵敏度为 0.5mm 以上的钻孔尺寸。

表 4-2 列出了几种穿过式线圈、内插式线圈的示意图。

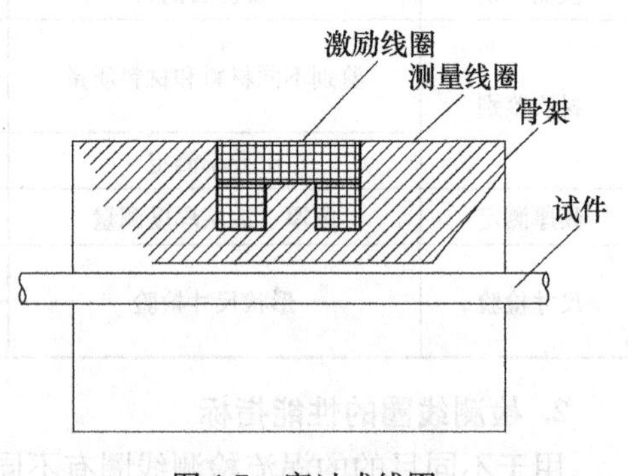

图 4-7　穿过式线圈

表 4-2　几种穿过式线圈、内插式线圈示意图

类别		绝对式	自比较式		标准比较式	
电气原理图		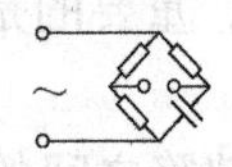	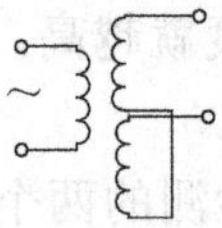	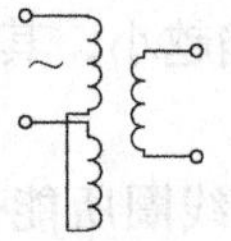	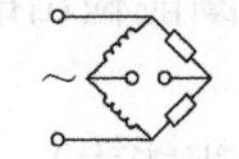	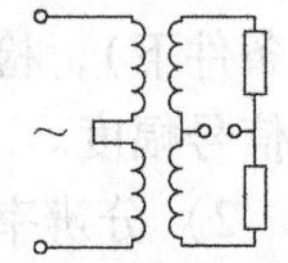
穿过式线圈	试件与线圈相对位置示意图	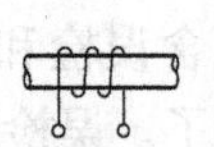	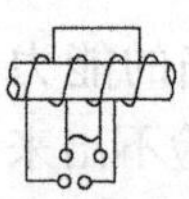	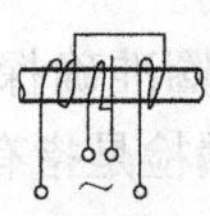	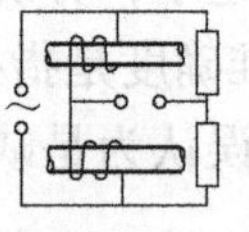	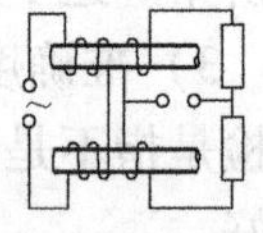
	线圈骨架	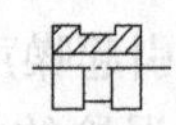	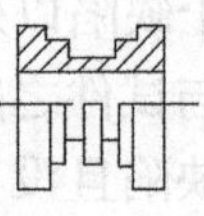	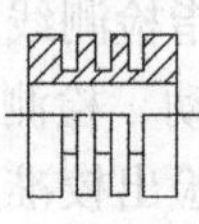	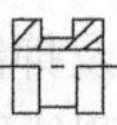	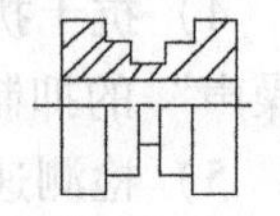
内插式线圈	试件与线圈相对位置示意图	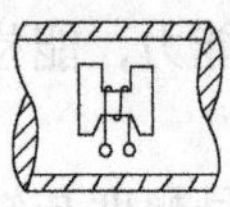	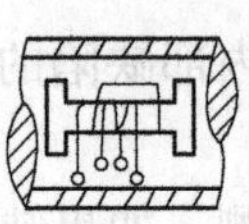	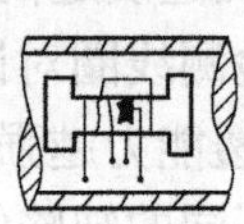		
	线圈骨架	同穿过式	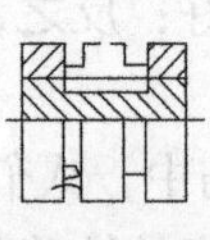	同穿过式		

2. 点式线圈

穿过式线圈检测速度虽快，但其灵敏度及分辨率还不够理想，因此发展了一种检测面积极小的点式线圈，这种线圈一般绕于极小的磁心上，然后在试件表面作扫描运动。这种线圈的结构和参数也千变万化，下面以取阻抗变化的桥式线圈为例进行介绍。

图 4-8 所示为一个由两片绕了线圈的磁片组成的桥式点式线圈，电桥的另两个臂可以用电阻、电感等元件。

在此例举一个桥式点式线圈的实例，它的电路原理图如图 4-9 所示。电桥的两臂为绕组（绕在片状磁心上），磁片宽度为 0.5～6mm，厚度为 0.2～1mm，在磁心上绕 250 匝左右的漆包线，线径为 ϕ0.07mm 左右，两个辅助臂采用 100Ω 左右的电阻。

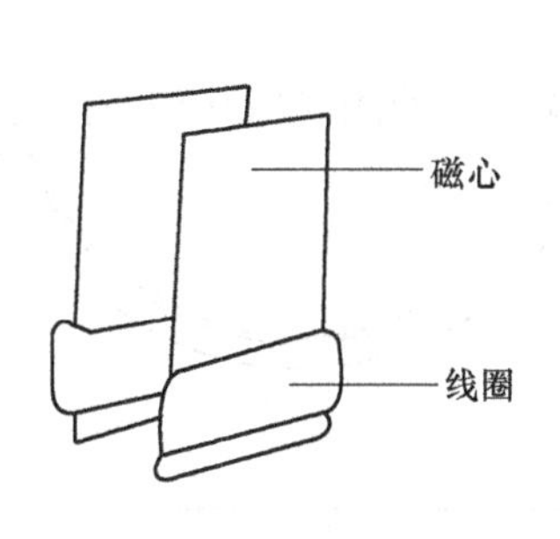

图 4-8　桥式点式线圈结构图

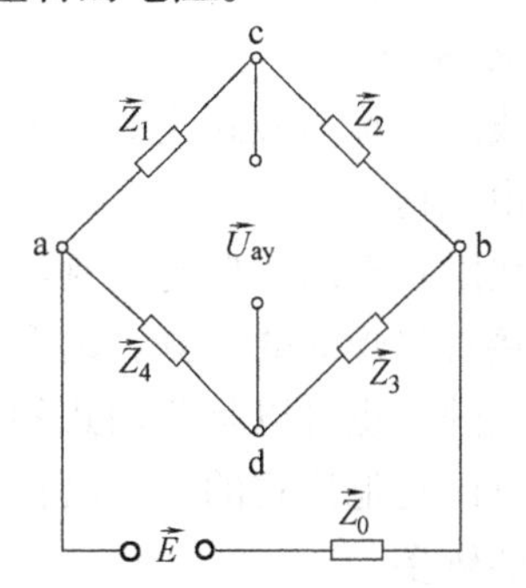

图 4-9　桥式点式线圈电路原理图

这种点式线圈在磁心宽度 L 不同时，对不同长度，不同深度及不同倾斜角度的人工缺陷具有不同的灵敏度，其性能如图 4-10 所示。

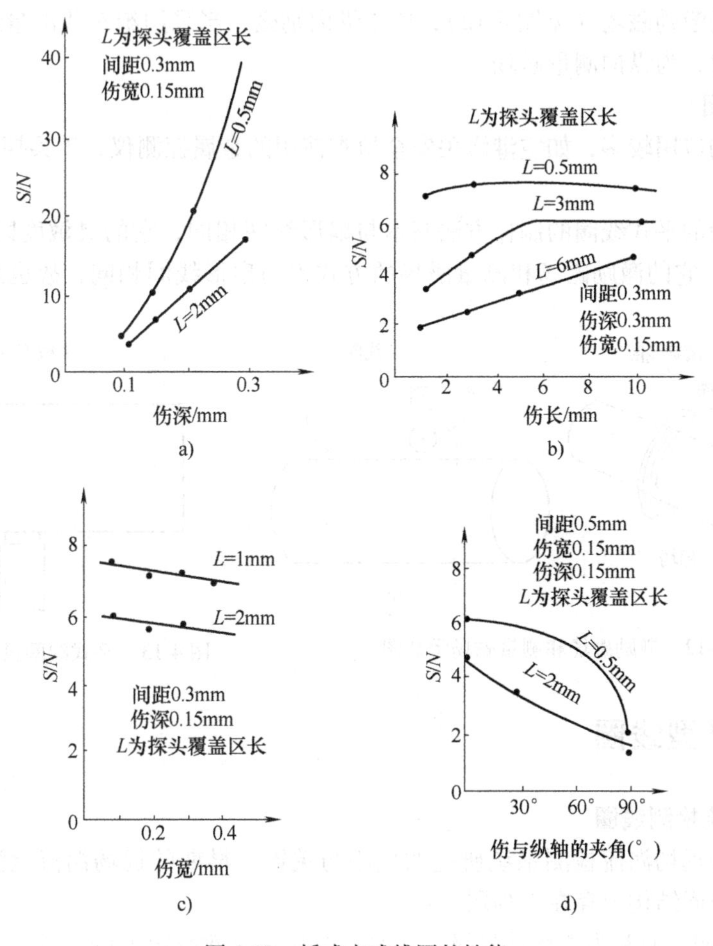

图 4-10　桥式点式线圈的性能

3. 内插式线圈

内插式线圈实质上是一种插于管材内径的穿过式线圈，但在线圈绕制上有所不同。它的激励线圈一般绕在测量线圈的内部，正好与穿过式线圈相反，而在原理上二者是一致的。

4. 扇形线圈

扇形线圈又称马鞍式线圈，由于线圈的形状很像马鞍子，使用时像马鞍一样骑在被检测工件上，由此得名。

扇形线圈具有圆弧形的检测灵敏度区域，主要用于焊接管材焊缝的检测。扇形线圈的连接可以是绝对式的，也可以是差动式的；可以是自比式的，也可以是他比式的。一般在使用时采用自比差动式的较多。

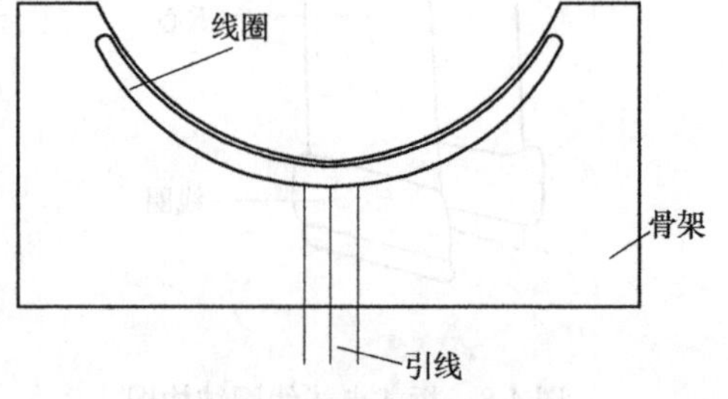

图 4-11　扇形线圈示意图

扇形线圈的绕制比较困难，先在胎具上绕制，而后通过手工整形，再固定在探头的骨架上的，将骨架连同线圈装入探头的外壳中，用环氧树脂灌封。固定在骨架上的线圈形式如图 4-11 所示。

扇形线圈的激励磁场（见图 4-12），属于纵向励磁，当采用绝对式测量线圈与激励线圈同一平面封装时，为纵向测量磁场。

5. 平式线圈

平式线圈的应用较多，如空港海关安全检查使用的金属探测仪，工兵探地雷用的金属探测仪等。

工业检测用的平式线圈的制作方法基本与扇形线圈相同，它的灵敏度区域是一条直线，如图 4-13 所示。它的激励磁场和测量磁场的方式也与扇形线圈相同，故也属于纵向激励和纵向测量。

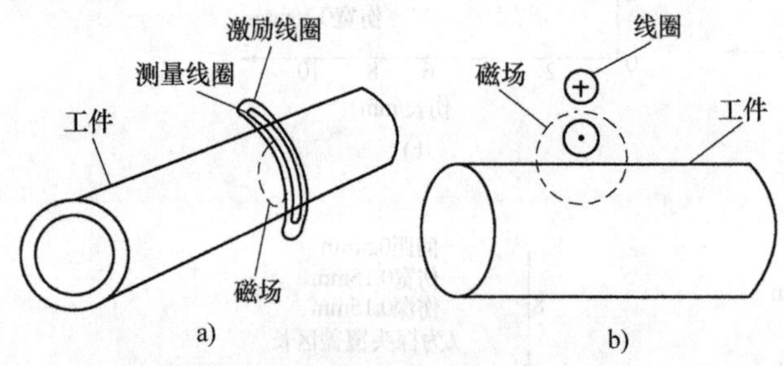

图 4-12　激励磁场和测量磁场示意图

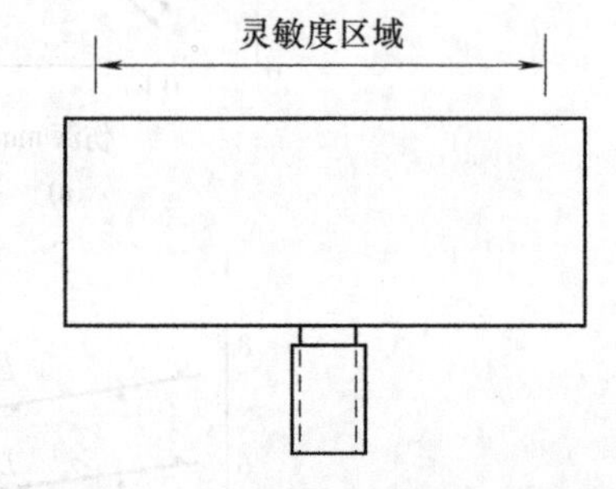

图 4-13　平式线圈灵敏度区域示意图

4.4　特殊类型线圈

1. 远场涡流检测线圈

检测线圈是远场涡流检测系统研究的核心与关键。早期的远场涡流检测线圈如图 4-14 所示，在检测线圈结构上存在下列弱点：

1）信号微弱，通常为微伏数量级，它实际上是一个效率很低的系统，给信号处理及仪器制作带来困难。

2）长度过大，检测线圈必须在距离激励线圈 2～3 倍管径以外的远场区，这是检测原理所决定的。检测线圈过长难以通过弯道，尽管可用机械分段铰接等方法，但运动仍有困难。

3）激励功率大，大约为传统涡流功率的百倍到千倍。这是因为远场涡流效应本身效率极低，如果没有足够大的激励功率送出去，则远场区检测到的信号会更加微弱。

4）检测扫描速度低，因为采用低频激励，在激励的每个周期内，检测线圈只能在有限的距离运动，否则会造成漏检现象。

其实这四个弱点相互之间又都有一定的联系和制约。如果要提高信号幅度，则要求激励功率增大；而频率升高可使检测扫描运动速度提高，但又会使远场区向更远的方向移动，加剧长度矛盾等。

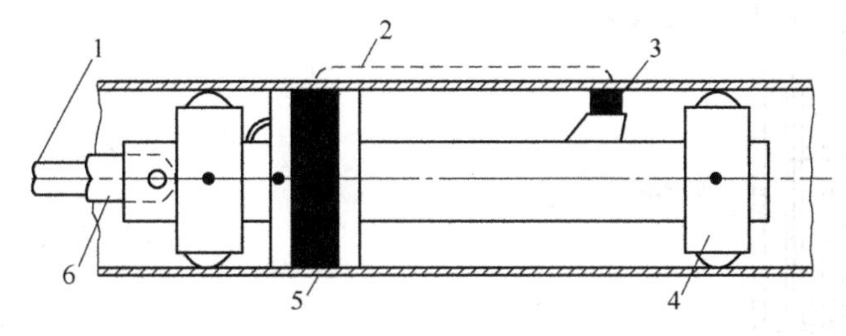

图 4-14　远场涡流检测探头

1—信号电缆　2—能量流路径　3—检测线圈　4—支撑轮　5—激励线圈　6—驱动杆

随着人们对远场涡流检测技术原理的认识不断加深，对早期的远场涡流探头的结构进行了改进，其技术措施主要有以下三种：

1）采用屏蔽，如图 4-15 所示。在激励线圈和检测线圈之间加入导电或导磁的盘或环，以抑制管内沿轴向传播的直接耦合能量，使远场区域尽可能地移向激励线圈。

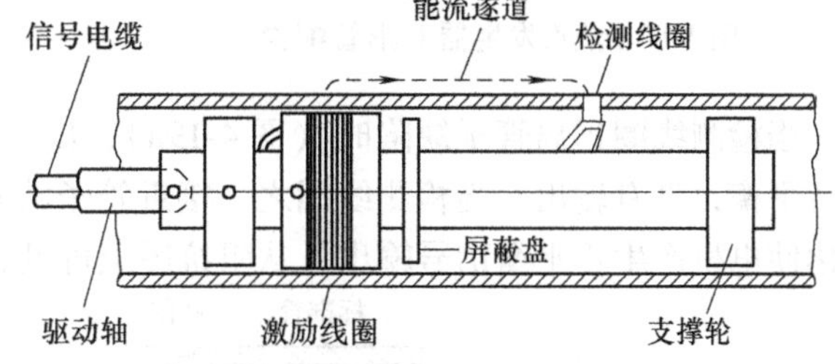

图 4-15　屏蔽盘实验模型

2）局部磁饱和，如图 4-16 所示。采取措施使激励线圈和检测线圈附近的管壁磁化到饱和状态，形成两个磁饱和窗，使管壁材料的磁导率下降，这有利于激励频率的提高，有利于提高检测扫描速度。

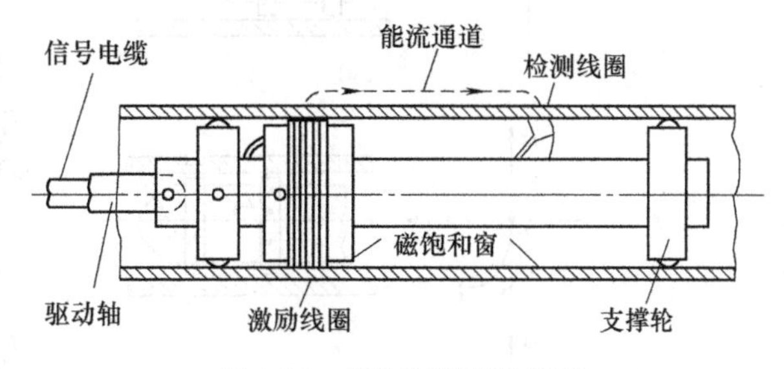

图 4-16　磁饱和窗实验模型

3）平衡技术的应用。在常规涡流检测中应用平衡技术可以抑制或消除某些干扰因素。在远场涡流技术中，应用平衡技术也可达到相似的目的。它从激励线圈中取出一信号，适当衰减并改变相位，从检测线圈的信号灯中减去它，从而能在直接耦合区内抑制直接耦合场的分量，突出远场信息，使检测线圈与激励线圈的距离减少，这种技术可使激励线圈与检测线圈间的距离压缩到一倍管径左右。不过平衡技术要求测试中两线圈间距必须严格不变，任何一微小的变化都将破坏平衡，产生噪声。必须注意：在距离激励线圈一倍管径处的地方非常接近过渡区的相位结点，这可能导致信号不稳定。

2. 多频涡流检测线圈

多频涡流检测的主要对象是已安装好的蒸汽发生器传热管、热交换器传热管和冷凝器管等。多数被检测的管材呈U形，管外有管板、支撑板和支承条等，如图4-17所示，只能从管子内部检查，并且随着弯头半径的不同，要求设计不同外径的检测线圈。

多频涡流检测线圈采用桥路结构，如图4-18所示。电桥平衡条件为 $R_1L_2=R_2L_1$。L_1、L_2 的阻抗中有一个反生变化时，等式两边不平衡而产生输出信号，图4-19所示为“8”字形显示的形成过程。

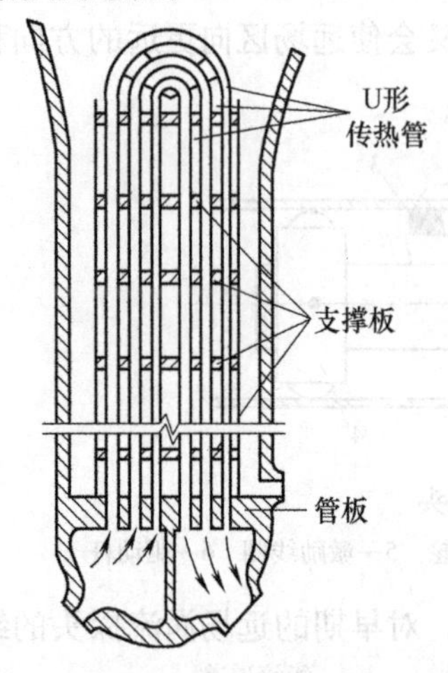

图4-17　蒸汽发生器U形管配置

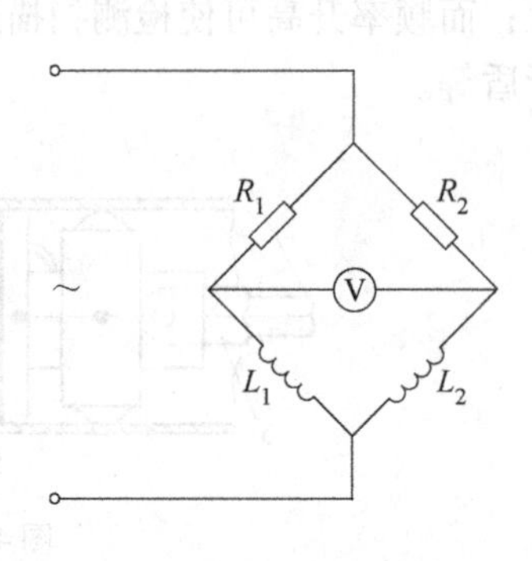

图4-18　阻抗电桥

R_1、R_2—固定在电桥两臂

L_1、L_2—两个检测线圈各组成一桥臂

当检测线圈远离管子缺陷时（图4-19a），L_1、L_2 的阻抗都不受管子缺陷的影响，电桥保持平衡，没有输出。当检测线圈之一接近管子缺陷时（见图4-19b），缺陷线圈 L_2 的阻抗变化使电桥产生不平衡信号输出，从阻抗图上可见，阻抗从原点 O 移到 A 点。

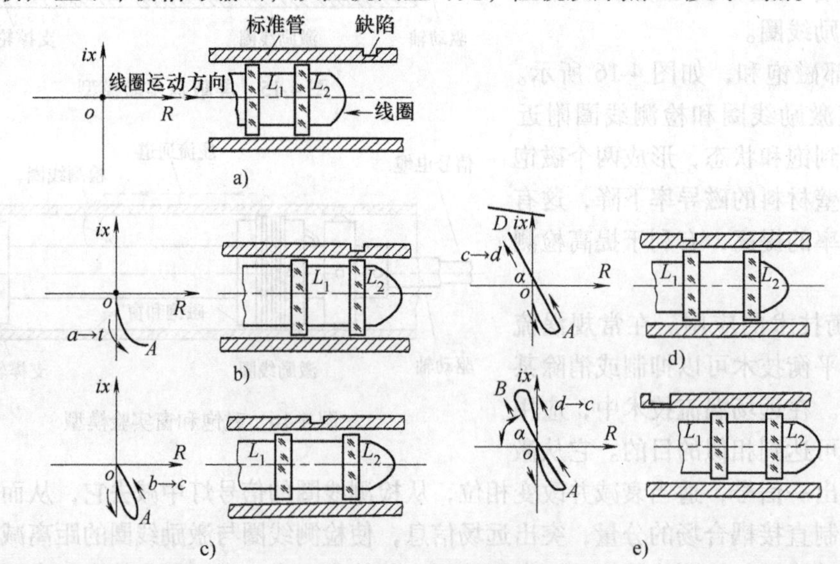

图4-19　“8”字形显示原理

当检测线圈再往右移到图 4-19c 所示的位置，管子缺陷处于线圈 L_1、L_2 的对称位置上，缺陷对 L_1、L_2 的影响相当，故电桥又呈平衡状态，无输出信号。从阻抗图上看到，阻抗从 A 点回到原点 O。由于线圈移动先是接近缺陷，而后离开缺陷，所以阻抗变化先是离开原点 O 到 A 点，再由 A 点回到原点 O。同理，线圈继续右移，阻抗从原点 O 移到 B 点。当检测线圈远离管子缺陷，线圈阻抗不受影响，则电桥又呈平衡状态，阻抗从 B 点回到原点 O。这样就完成了“8”字形的显示。

设图 4-19e 中“8”字与水平轴的夹角为 α，一般情况下，对 100% 穿透壁厚的通孔显示的 α 角为 40°左右，如图 4-20 所示。

趋肤效应使涡流密度随渗透深度作指数衰减，缺陷深度不同，缺陷信号“8”字的相位角度也不同。通过选用合适的频率，使深度为 20% 壁厚的缺陷信号的相位角 α 与穿透壁厚的缺陷的相位角 α 之间相差 50° ~ 130°，使深度为 20% 壁厚的缺陷相位角度为 90° ~ 170°，便于进行阻抗分析，用缺陷信号的相位角来反映缺陷的深度。图 4-21 所示为“8”字形的相位角与缺陷深度的关系。

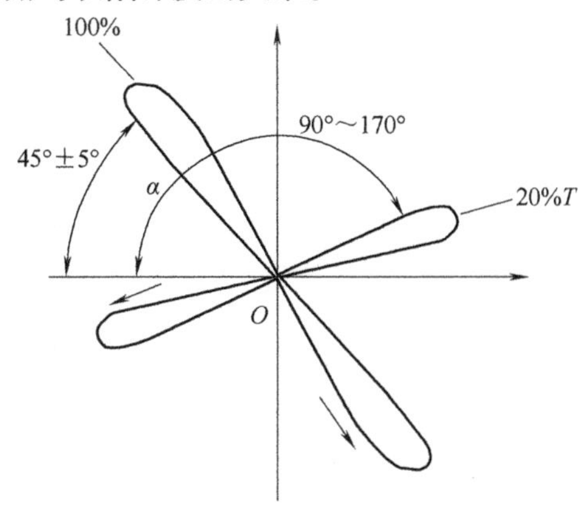

图 4-20　100% 穿透壁厚与 20% 穿透壁厚的“8”字图形

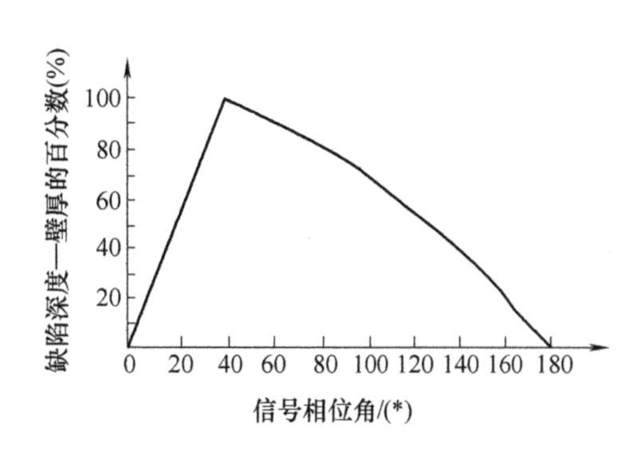

图 4-21　“8”字的相位角与缺陷深度的关系

多频涡流检测线圈应具有如下功能：能消除管板，支撑板，线圈摆动、内壁噪声等干扰影响；能满足差动测量和绝对测量的要求；有足够高的检测灵敏度；在主检测频率下，通孔与 20% 壁厚的平底孔信号之间的夹角在 50° ~ 130°之间。

检测线圈的结构设计应考虑能顺利通过传热管的 U 形弯管段，如图 4-22 所示。为此，整个多频涡流检测线圈以及线圈与电缆引线应有一定的刚度和柔性。检测线圈由前定心套、线圈和后定心套组成，相互间由不锈钢小弹簧连接起来。当检测线圈穿越传热管弯头部分时，弹簧随传热管弯头曲率而弯曲。线圈与引线电缆外面套一根尼龙管，使线圈的引线部分（电缆与尼龙套管）既有一定刚度，又有一定柔性，能顺利通过传热管弯头部位。检测线圈引线长度根据被检测管的长度而

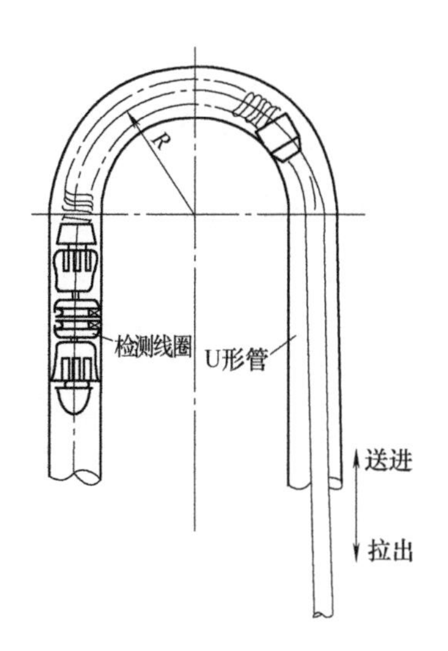

图 4-22　检测线圈通过 U 形管示意图

定，一般U形管的长度为20m左右，所以检测线圈总长度选25～30m就足够了。

在检测线圈前后各设置一个定心套，径向能在一定程度上浮动。定心套外侧（端头外圈）紧贴传热管内壁，确保检测线圈在传热管内对中良好、移动平稳，以提高检测灵敏度。尼龙骨架上两个线圈槽的深度与宽度必须对称。根据漆包线的直径与线圈圈数，绕制时应正好将凹槽布满，尽可能提高填充系数。两线圈的电阻、电感及品质因数的值应基本相等。

其他类型的涡流检测线圈还有很多，这里不再一一介绍。

第5章　涡流检测仪器

5.1　涡流检测仪器的工作原理

1. 涡流检测仪器的结构框图

涡流检测仪器的型号很多，仪器的基本结构框图如图5-1所示。

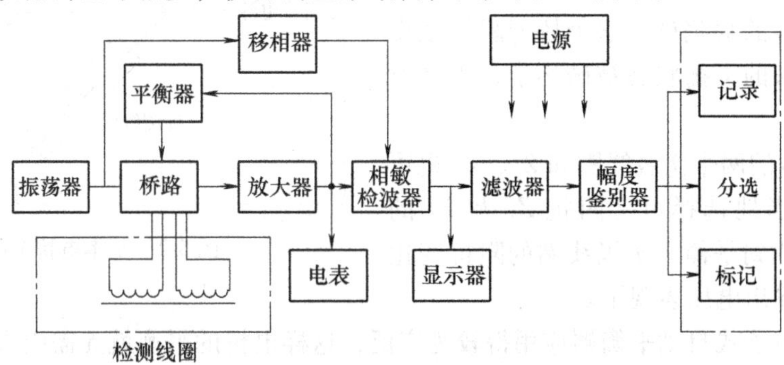

图5-1　涡流检测仪器的结构框图

1）振荡器。振荡器是向电桥提供电源的，它的输出应是标准的正弦波振荡信号（特殊情况也有脉冲）。

2）桥路。检测线圈的绕组作为电桥的桥臂，在试样情况有变化时输出信号。

3）放大器。放大通过桥路送来的微弱信号，它分为选频放大器或宽带放大器。

4）平衡器。有手动和自动两种，将检测线圈固有的不平衡信号和试件本身带有的干扰不平衡信号平衡掉，以保证探伤的精度。

5）移相器。将振荡器给出的信号在保留原有波形不变的条件下改变其相位。

6）相敏检波器。利用移相器提供的控制电压对经过放大器的信号进行相位分析。

7）电表。调节平衡指示器，指示电桥的平衡情况。

8）显示器。对检测仪器的各种信息进行显示。它可以用示波管组成，也可以用显像管组成。

9）滤波器。对经过相位分析的信号进行频率分析。

10）幅度鉴别器。对经过阻抗分析和调制分析过的信号再进行幅度分析。

11）记录装置。对探伤信号留下硬拷贝，以备存档和以后分析之用。

12）分选信号。送到分选装置，以便对不同试件等级进行分选。

13）标记装置。对试件有缺陷的部位进行标记，有利于试件的后期工艺处理。

在图5-1中，位于点画线框内的部分不在仪器之中。

2. 振荡器

振荡器通常由振荡级和功放级组成。振荡级可采用*RC*振荡器，当所需频率较高时，也

可采用 LC 振荡器。对频率稳定性要求严格时，可采用石英振荡器以及其他结构的振荡器。频率稳定性对检验结果有很大的影响。

3. 桥路

图 5-2 所示为一种基本的电桥电路。交流电源信号加到电桥的一个对角线（a、b 端）上。

这个电桥由两个电阻 R_1 和 R_2、检测线圈、平衡阻抗以及电表组成。这几个元件接成桥的形式，所以称为电桥。一个电阻和检测线圈组成一个桥臂，另一个电阻和平衡用的阻抗组成桥的另一个臂，电表接在两个桥臂（c、d 端）之间。电桥平衡时，电表读数为零。若检测线圈处于试样的缺陷处，这个桥臂阻抗就变化了，电桥原来的平衡状态被破坏了，于是就有了电压输出。

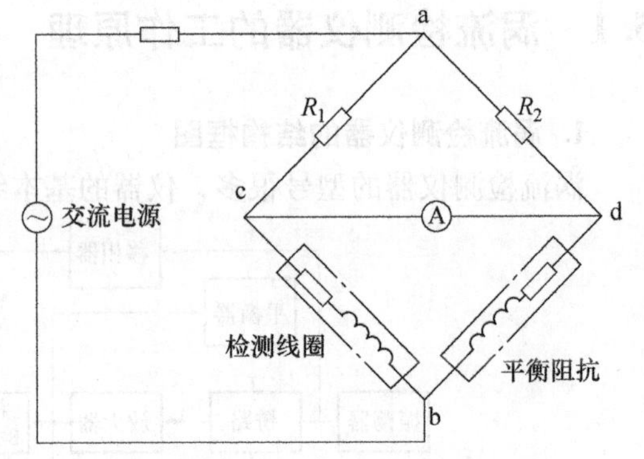

图 5-2　基本电桥电路

图 5-3 所示的两个次级线圈和 Z_1、Z_2 也可构成桥路。适当地选择可变阻抗 Z_1 及 Z_2 的值，能使电桥达到平衡，次级线圈的阻抗变化就能以电桥的输出电压表现了。

近年来，电子式自动平衡器应用得较为广泛，这样电桥的平衡就无需由人工调整，只需把两个次级线圈作差动连接，如图 5-4 所示，使这两个次级线圈的大部分电压被抵消，微小的差值电压再接到自动平衡器输入端。自动平衡器的输出端将产生一幅值相同相位相反的电压，将该差值电压抵消，自动实现零值调整。

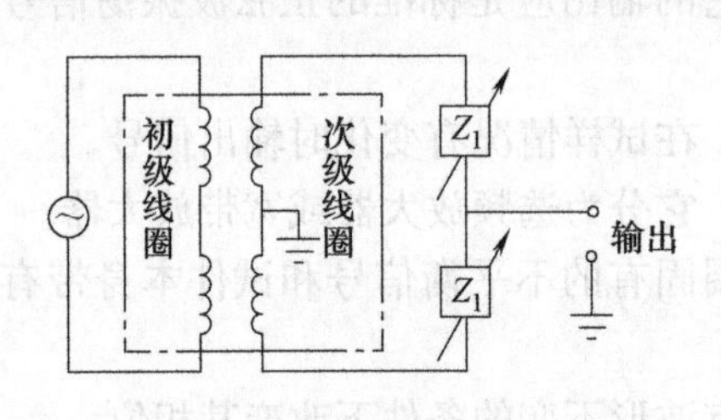

图 5-3　变压器桥路

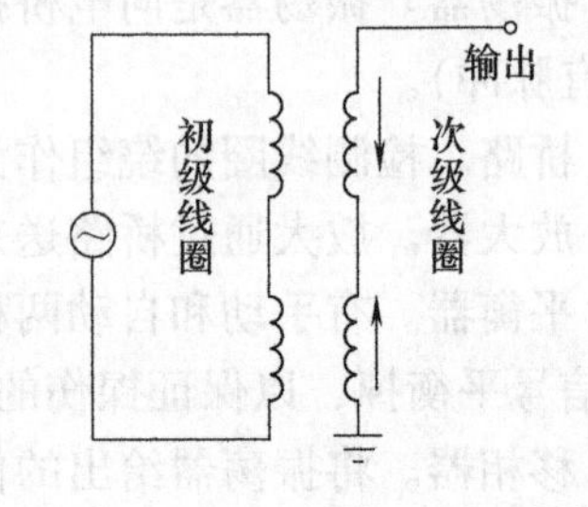

图 5-4　检测线圈的差动连接

4. 放大器

放大器的增益对探伤灵敏度有显著影响，增益越高，放大器的输出电压也越高。各种探伤仪都装有调节放大倍数的旋钮，称为灵敏度调节旋钮，用来选择放大器增益（衰减）。

由于振荡器的波形不可能是理想的正弦波形，故电桥的输出中会存在二次、三次等高次谐波，在调节桥路平衡时，便不能得到良好的平衡，加上市电 50Hz 的干扰，就不得不采用对频率有选择性的放大器，它只能放大仪器工作频率 f_0 的信号，而不放大 f_0 的高次谐波及其他信号。

在指定的通频带内，调谐放大器的选择性一般以电压增益下降到调谐最大增益的 $1/\sqrt{2}$ 来表示，它只放大中心频率为 f_0 的信号，因此远离 f_0 的任何频率的正弦信号都不会放大，这样就达到了抑制噪声的目的。

图 5-5 所示是单级运算放大器，它的放大倍数是运算放大器的开环放大倍数 K。但这种放大器一般是不使用的，将其用于多级放大器时会产生自激振荡。涡流检测仪器的放大器都加一定的负反馈，反馈网络如图 5-6a 所示。下面以电压串联负反馈电路图 5-6b 为例进行说明。u_{sr}为输入电压，由桥路提供，u_f 为反馈电压，u'_{sr}为净输入电压。反馈放大倍数 $K_f=\frac{u_{sc}}{u_{sr}}$，但 $u_{sc}=Ku'_{sr}$，$u_{sr}=u'_{sr}+u_f$，由于 $u_f=Bu_{sc}=BKu'_{sr}$，故 $u_{sr}=u'_{sr}(1+KB)$，所以可得出

$$K_f=\frac{Ku'_{sr}}{(1+KB)u'_{sr}}=\frac{K}{1+KB} \tag{5-1}$$

这就是负反馈放大器的基本公式。由式 (5-1) 可以看出，一个放大器加了负反馈后的增益 K_f 与没有加反馈时的增益 K 是有区别的，在放大器引入负反馈后，放大倍数减小了，只是无反馈时的$\frac{1}{1+KB}$，这时 $1+KB$ 叫做放大器的反馈深度，它具有很重要的物理意义，放大器各种指示的改善都跟它有关。$1+KB$ 越大，反馈越深。如果满足 $KB>>1$，那么

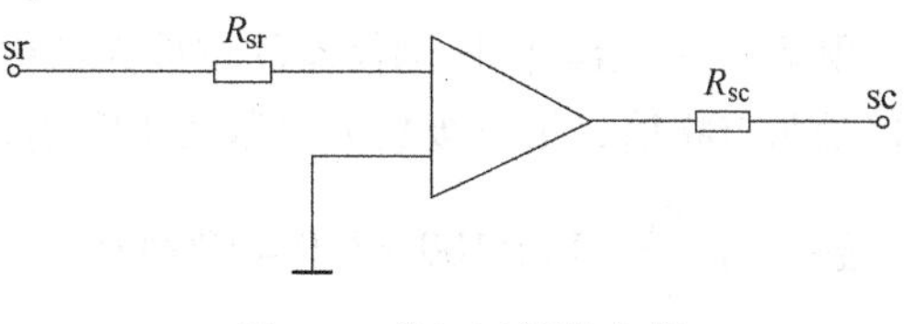

图 5-5 单级运算放大器

$$K_f=\frac{1}{B} \tag{5-2}$$

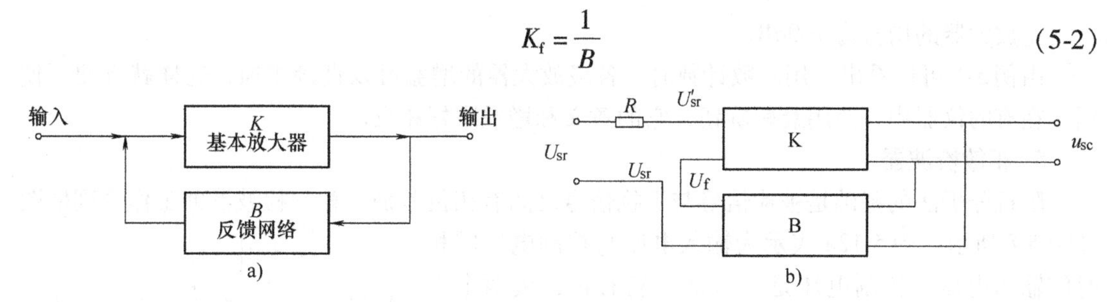

图 5-6 反馈放大器网络

这说明放大器加了深度负反馈后，放大倍数将只取决于 B，而与放大元件的参数几乎无关（B 为反馈网络的反馈系数）。

相对不加负反馈的放大器而言，加负反馈后放大器的增益降低了，但放大器的其他各种质量指标（如增益的稳定性、频率响应、非线性失真、噪声等）都得到了改善，其改善程度均与所加反馈深度有关。另外，负反馈的引进还能改变放大器的输入、输出电阻。

加了反馈的单级运算放大器如图 5-7 所示。这时它的放大倍数与运算放大器的开环放大倍数 K 无关，只与反馈电阻 R_f 和输入电阻 R_{sr}有关，其闭环放大倍数为

$$K_f=\frac{R_f}{R_{sr}} \tag{5-3}$$

在涡流检测仪器中，主放大器要使用多级放大器。仪器中除主放之外，还需要前置、功放等各种类型放大器。由于放大器放大倍数较大，每一级之间又是乘积关系，使用多有不便，所以一般都用对数来表示。

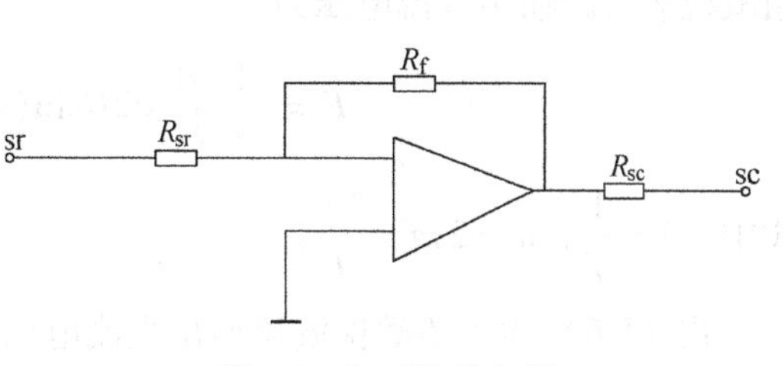

图 5-7 负反馈放大器

在电压放大器中以$\frac{v_{sc}}{v_{sr}}$的常用对数为放大器的电压增益，采用分贝（dB）为单位，则

$$K_v = 20\lg\frac{v_{sc}}{v_{sr}} \tag{5-4}$$

在功率放大器中以$\frac{p_{sc}}{p_{sr}}$的常用对数为放大器的功率增益，采用分贝（dB）为单位，则

$$K_p = 10\lg\frac{p_{sc}}{p_{sr}} \tag{5-5}$$

例 5-1　一台涡流检测仪器的主放大器由三级组成，第一级放大倍数为 10 倍，第二级放大倍数为 100 倍，第三级放大倍数为 100 倍，求主放大器的增益。

解： 1）$\frac{v_{sc}}{v_{sr}} = 10\times100\times100 = 100000$

主放大器均为电压放大，$K_v = 20\lg\frac{v_{sc}}{v_{sr}} = 100\text{dB}$。

2）$K_v = 20\lg\frac{v_{sc1}}{v_{sr1}} + 20\lg\frac{v_{sc2}}{v_{sr2}} + 20\lg\frac{v_{sc3}}{v_{sr3}} = 100\text{dB}$

主放大器的增益为 100dB。

由例 5-1 可以看出，用对数计数时，各级放大器的增益可以直接相加，这样就方便了使用。在有的仪器中，使用衰减旋钮，它的意义和增益刚好相反。

5. 相敏检波器

阻抗分析法的基础是被检信号与干扰信号之间有相位差别。相敏检波器的工作原理框图如图 5-8 所示。图 5-12a 表示为输入电压与控制电压同相时的输出电压。控制电压是一方波，它有正，负两个半周。在正半周（FG）中，开关接通，在整个周期（FH）中，其输出电压的平均值等于正半周内以垂直线表示的阴影面积。

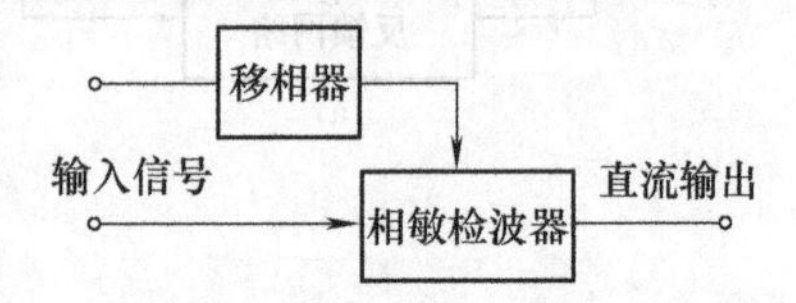

图 5-8　相敏检波器的工作原理框图

当输入电压与控制电压存在 90°相位差时（见图 5-9b），电子开关在 LM 的半周接通，它的输出电压应是 LM 电压的平均值，由于 LM 之间正向和负向部分对称而相互抵消，因此没有输出电压。

可用数学式来表示相敏检波器的直流输出电压，假如有电压 u，其初相为 φ，则此电压表示为 $u = \sqrt{2}U\sin(\omega t + \varphi)$，如控制电压与电压 u 的相位差也为 φ，那么经电容器平滑后，相敏检波器的输出直流电压为

$$E = \frac{1}{T}\int_0^{\frac{\pi}{2}} \sqrt{2}U\sin(\omega t + \varphi)\,\mathrm{d}t = \frac{\sqrt{2}}{\pi}U\cos\varphi \tag{5-6}$$

式中　$T = \frac{1}{f}$；$\omega = 2\pi f = \frac{2\pi}{T}$。

式（5-6）表示相敏检波器输出直流电压 E 与输入电压 U 和控制电压之间相位差的余弦成正比。在图 5-10 的矢量图上，U_s 是缺陷信号电压，初相为 φ_s，试样传送时由振动产生信

号电压为 U_n，初相为 φ_n，控制电压相位 φ_c（可调整）。现以控制信号电压为基准，由缺陷和振动产生的电压与控制电压相位分别为 $\varphi_s-\varphi_c$，$\varphi_n-\varphi_c$。

如果这两个电压同时加到相敏检波器上，输出直流电压为

$$E=\frac{\sqrt{2}}{\pi}[U_s\cos(\varphi_s-\varphi_c)+U_n\cos(\varphi_n-\varphi_c)] \tag{5-7}$$

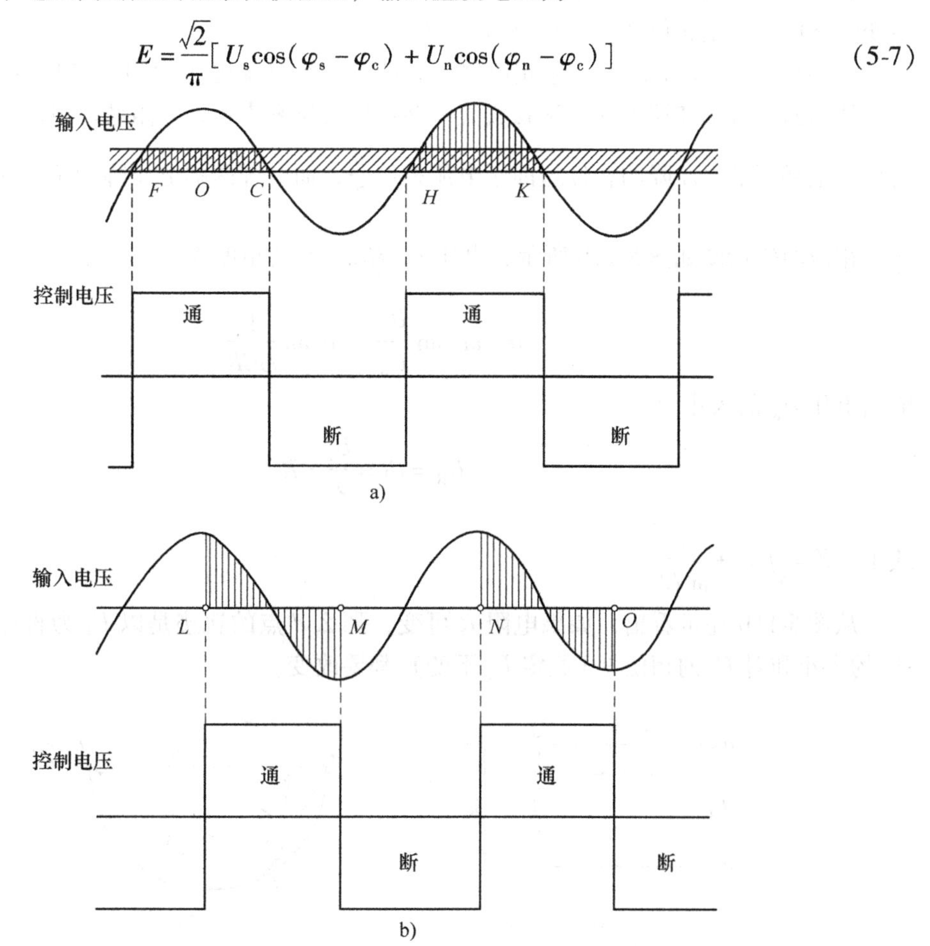

图5-9　电子开关式相敏检波器的工作原理

如调整移相器相位，使控制信号电压相位 φ_c 满足下式

$$\varphi_n-\varphi_c=\frac{\pi}{2} \tag{5-8}$$

则 $\varphi\cos(\varphi_n-\varphi_c)=0$，因此式(5-7)中 $U_n\cos(\varphi_n-\varphi_c)$ 为零，于是

$$E=\frac{\sqrt{2}}{\pi}U_s\cos(\varphi_s-\varphi_c) \tag{5-9}$$

式（5-9）表明了试样传送时由振动产生的干扰信号可用调节控制信号相位 φ_c 来控制。调整的方法是在试样经过线圈时调节移相器，使由传送振

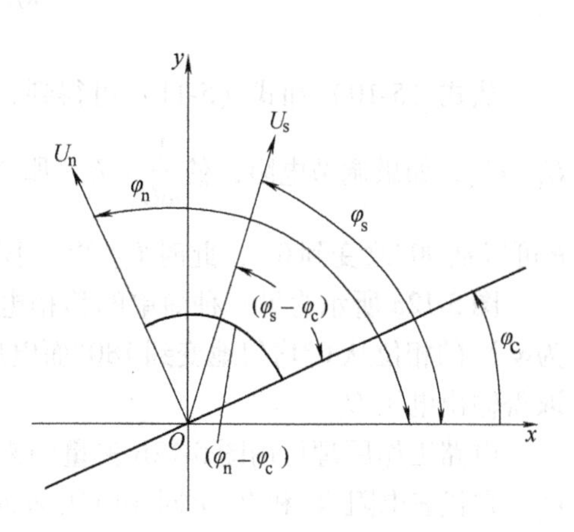

图5-10　各信号的矢量图

动产生的信号电压尽可能小，那么控制电压的相位就确定了。

6. 移相器

将某一给定电压转动一个固定相角的装置称为移相器。理想的移相器能在输出电压保持不变的条件下，把相位从0°连续地变到360°。

图5-11a所示为最简单的移相电路，它能把一个已知电压的相位在0°~90°之间连续改变。从前面学过的知识可知，正弦交流电路可用矢量来表示，电阻两端电压降的相位与电流同相，电感两端电压降的相位超前于电流相位$\frac{\pi}{2}$，而电容两端电压降相位滞后于电流的相位$\frac{\pi}{2}$。相应的矢量图如图5-11b所示，电压U_R超前U_i的角度为

$$\theta = \arctan\frac{U_C}{U_R} = \arctan\frac{1}{\omega CR} \tag{5-10}$$

输出电压U_R的大小为

$$U_R = IR = \frac{U_i}{Z}\cdot R \tag{5-11}$$

式中　$Z = \sqrt{R^2 + \frac{1}{\omega^2 C^2}}$。

从图5-11b还可看出，如果电阻R可变，那么d点的轨迹是以U_i为直径的半圆。这时U_R的大小和对U_i的相位θ（假定U_i不变）都要改变。

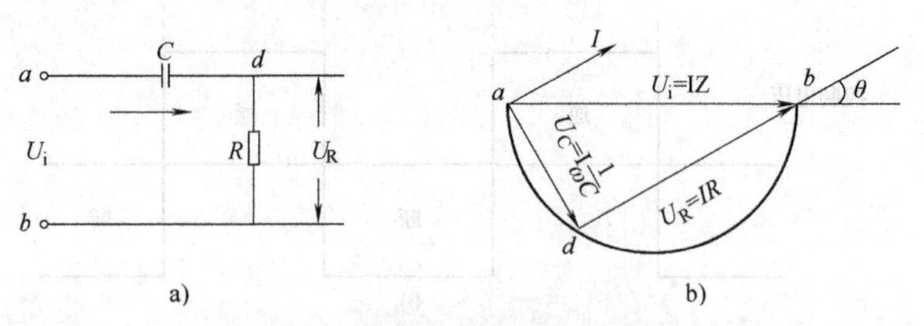

图5-11　最简单移相电路及其矢量图

a）电路　b）矢量图

从式（5-10）和式（5-11）可得到，当$R\to0$时，$\theta\to90°$，$U_R\to0$；当$R\to\infty$时，$\theta\to0°$，$U_R\to U_i$，如果调节电阻，使$\frac{1}{\omega C}=R$，那么$\theta=45°$，而$U_R=\frac{U_i}{\sqrt{2}}$，所以电阻R从0变到∞，则θ可以从90°改变到0°，此时U_R的大小则由0变到U_i。

图5-12a所示为另一种简单的移相电路，它能在某些条件下（例如c、d两点负载电阻为∞）的相位从0°均匀地变到180°而电压不变，输入电压U_i加在a、b两点，在c、d两点取得输出电压U_o。

电路工作原理可用图5-12b矢量图来说明。在此矢量图上，圆的直径ab代表输入电压U_i，它代表电阻R_1和R_2上同相电压降$\boldsymbol{ac}$和$\boldsymbol{cb}$之和。现选定$R_1=R_2$，则$\boldsymbol{ac}=\boldsymbol{cd}$，显然$c$点就是圆心。

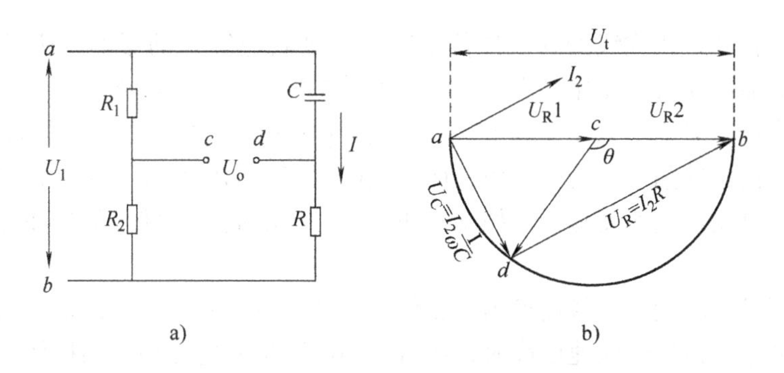

图 5-12　输出电压不变的 0°～180°的移相器

a）电路图　b）矢量图

该电路的另一 RC 支路的矢量图如图 5-12b 所示。***ad*** 表示电容 C 上的电压降 U_C，***db*** 表示电阻 R 上的电压降 U_R，在图 5-12a 的电路中，***cd*** 两点间取得的输出电压 U_o，用 ***cd*** 来表示，它等于$\frac{U_i}{2}$，且对 U_i 相差了一个角度 θ。在改变电阻 R 时，d 点总是位于直径等于 U_i 的半圆的圆周上，因此当改变 R 时，***cd*** 仅改变相位，而大小不变，并等于$\frac{U_i}{2}$。

从图 5-12b 中可看出，当 $R=0$，即 U_R 为零时，d 点与 b 点重合，因而，输出电压 ***cd*** 等于$\frac{U_i}{2}$，且与 U_i 同相。当 $R\to\infty$ 时，电容 C 上的电压降 U_C 趋于零，因而 d 点与 a 点重合，此时，U_o 也等于$\frac{U_i}{2}$，但相位之差为 180°。

因此，电阻 R 从 0 变到∞，就得到一个大小等$\frac{U_i}{2}$，而对 U_i 的相移可从 0°改变到 180°的输出电压。

可变电阻 R 实际上不可能连续调节到∞，故图 5-12a 的电路不可能有 0°～180°的调整范围，因此要采用其他电路。在涡流探伤仪中常采用的 0°～360°的移相电路，如图 5-13 所示。

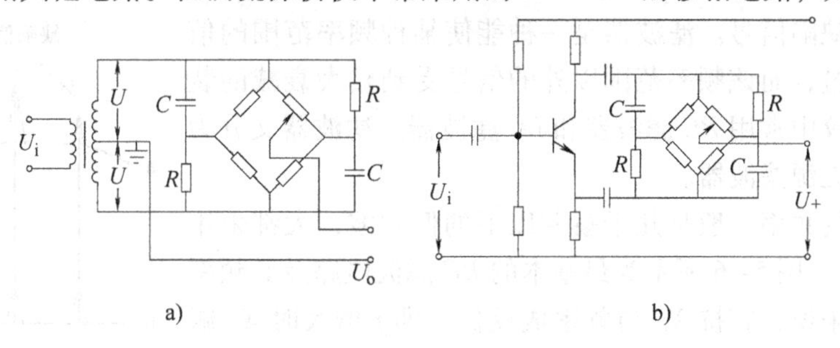

图 5-13　0°～360°移相电路

7. 自动平衡器

试样的缺陷、材质、形状和尺寸等都能引起检测线圈阻抗的变化。此外线圈阻抗还受到周围环境温度变化和自比式线圈在试样传送时（速度效应等）的影响。所以即使桥路的平衡已调好，电桥输出还会有变化，它是影响检测结果的一个重要因素。

在自动探伤中，时刻由人工把桥路调平衡是不可能的，因此，要增加自动平衡器的单元。一般来说，由于缺陷信号变化很快，而其他因素产生的信号变化缓慢，因此在设计自动平衡器时，应把电路响应速度降低，使之对快变信号无响应，而缺陷信号在经过自动平衡器后依然存在。

自动平衡器可消除慢变信号而检出快变信号，从这点来看，也可以认为它是频率分析仪的一种。当自动平衡器的响应速度高时，还有抵消缺陷信号的作用。当探伤速度低时，又采用自动平衡器，还可能遇到缺陷信号不出现的情况，这点应给予注意。

图 5-14 是在涡流检测仪器中常用的自动平衡原理框图。

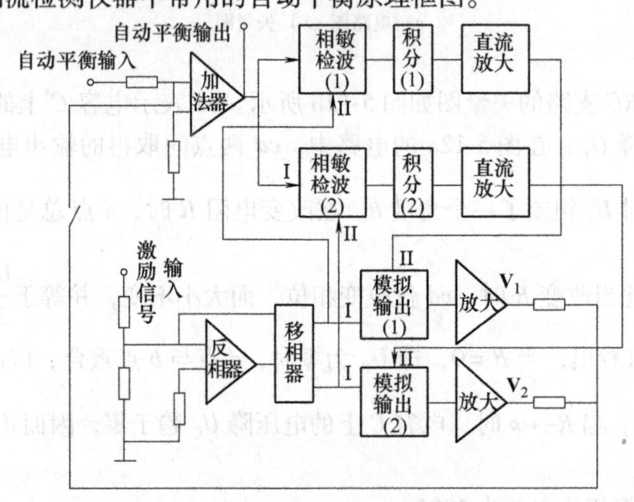

图 5-14　自动平衡原理框图

8. 滤波器

相敏检波器输出中除缺陷信号外，还有试样的材质、形状、尺寸等产生的干扰信号，从频谱观点来看，缺陷信号一般频率较高，而上述干扰信号的频率较低如图 5-15a 所示，如只取出高频信号，去除低频信号，就得到图 5-15b 所示的缺陷信号。可利用滤波器按信号间的频率差异取出缺陷信号。滤波器是一种能使某种频率范围的信号较顺利地通过，而该频率范围以外的信号受到较大衰减的装置。涡流探伤仪中常用 *RC* 滤波器和 *LC* 滤波器。滤波器又分为有源滤波器和无源滤波器。

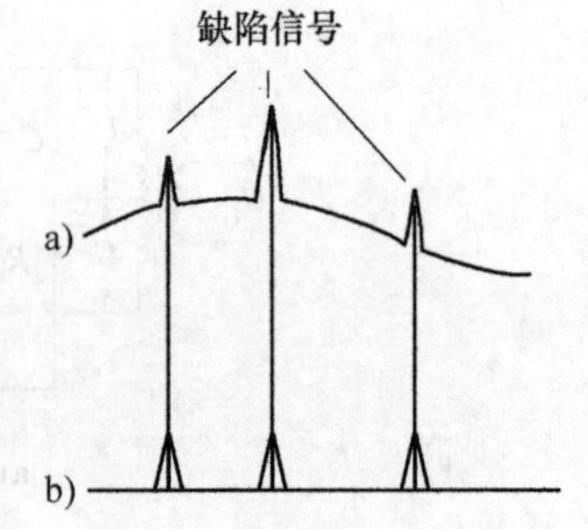

图 5-15　滤波器的输入和输出波形

a）相敏检波器输出波形

b）滤波器的输出波形

缺陷信号的频率一般是几千赫兹以下的低频波，大都采用 *RC* 滤波器取出。图 5-16 所示为最基本的 *RC* 滤波电路及其频率特性。对电容来说，容抗 X_C 与频率成反比，即 f 增大时 X_C 减小，f 减小时 X_C 增大。图 5-16a 所示的电路对低频输入信号而言，由于 X_C 很大，因此阻止了信号电压的传送；而对高频信号而言，X_C 值较低，在输出端就有了电压。

输出电压 U_0 可用下式表示为

$$U_0 = \frac{R}{\sqrt{R^2 + \left(\frac{1}{\omega c}\right)^2}} \cdot U_i = \frac{\omega CR}{\sqrt{1 + (\omega CR)^2}} \cdot U_i \tag{5-12}$$

式（5-12）表明，当频率低时（$\omega CR << 1$），输出电压接近于0；当频率高时（$\omega CR >> 1$），U_0 接近于 U_i。像这种只通过高频信号，阻止低频信号的滤波器称为高通滤波器。

输出电压 U_0 由 U_i 降低到 $\frac{U_i}{\sqrt{2}}$ 时的频率，称为截止频率 f_0，可由下式求得

$$f_0 = \frac{1}{2\pi CR} \tag{5-13}$$

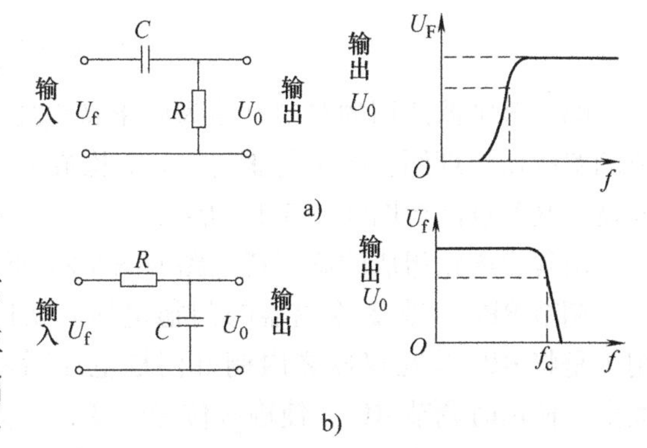

图 5-16　最基本的 RC 滤波器
a）高通滤波器　b）低通滤波器

图 5-16b 所示的电路是低通滤波器，它与高通滤波器的不同之处只是将 R 和 C 的位置对调。由于 C 的位置的不同，所起的作用也相反。当低频时，X_C 值较大，因此出现了输出信号在高频时，X_C 值较小，输出端接近于短路，因而没有输出信号。阻碍高频信号通过，而使低频信号畅通的滤波器称为低通滤波器。此时，输出电压为

$$U_0 = \frac{\frac{1}{\omega C}}{\sqrt{R^2 + \left(\frac{1}{\omega C}\right)^2}} \cdot U_i = \frac{1}{\sqrt{1 + (\omega CR)^2}} \cdot U_i \tag{5-14}$$

截止频率 f_0 与式（5-13）相同。

把高通滤波器和低通滤波器结合起来，就能取出图 5-17 中两个特定频率 f_{c1}、f_{c2} 区间的信号，这种滤波器称为带通滤波器。

为了既去除相敏检波器输出电压中包含的仪器工作频率的成份和外来噪声信号的高频成份，又去除试样材质、尺寸、形状变化及仪器漂移所产生信号的低频成分，大多数采用带通滤波器。

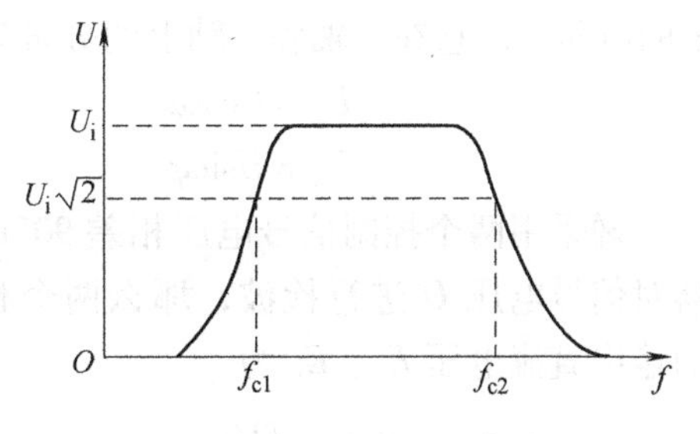

图 5-17　带通滤波器频率特性

需要说明的是，为了改善滤波器的衰减特性，目前使用的滤波器大都采用有源滤波器。

缺陷信号的频率与检测速度成比例，因此在自动涡流检测中，选择滤波器频率时，一定要考虑到检测速度。确定滤波器频率，应使缺陷信号指示明显而把噪声信号降低到最低电平内。应该指出，当检测速度非常慢或在静态下检测时，如仍采用带通滤波器，就不能获得缺陷信号。

9. 幅度鉴别器

一般来说，经滤波器得到的信号除缺陷信号外，还包括与缺陷信号处于同一数量级的微小噪声信号，如图 5-18a 所示，噪声信号使信噪比严重降低。通过一定的电路可去除某一电平以下的噪声，只取出缺陷信号，如图 5-18b 所示，对缺陷信号来说，信噪比（S/N）就得到了改善，从而有效地提高了仪器的抗干扰能力。

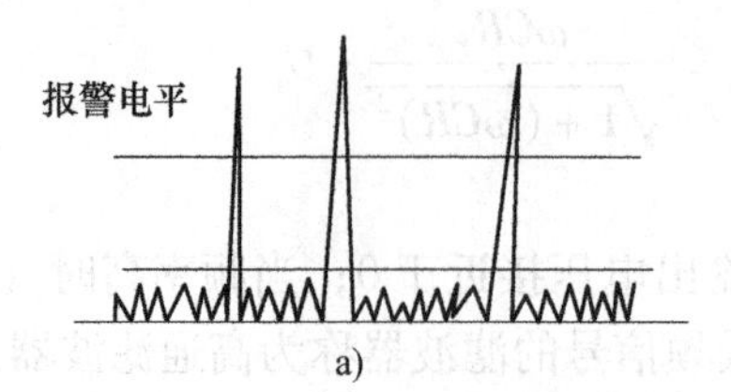

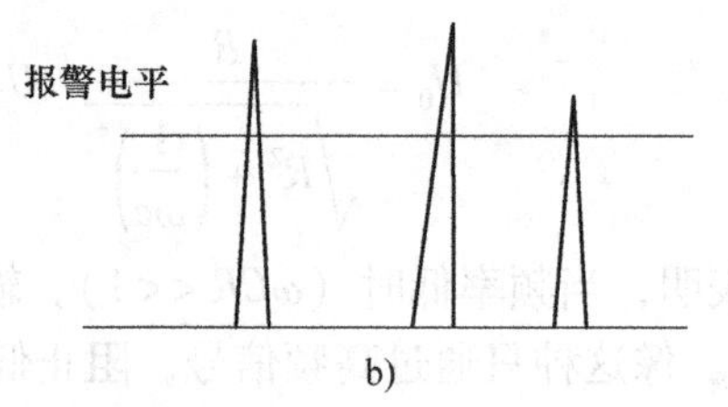

图 5-18 幅度鉴别器改善波形

幅度鉴别器所用的典型电路为施密特电路，通常简称为鉴幅器。图 5-19 是数字电路组成的鉴幅器原理图，图中与非门 1 和 2 构成 R-S 触发器，其各点波形图如图 5-20 所示。

由集成电路组成的施密特电路如图 5-21 所示。

调节 RP_1 可改变鉴幅器的门槛电压。实际应用中是将 RP_1 装在仪器之内调好门槛电压后不再改变。使用时调节 RP_1，使输入位号改变，一方面阻止了噪声电平的通过，同时对缺陷信号的报警幅度可随意控制。

图 5-19 鉴幅器原理图

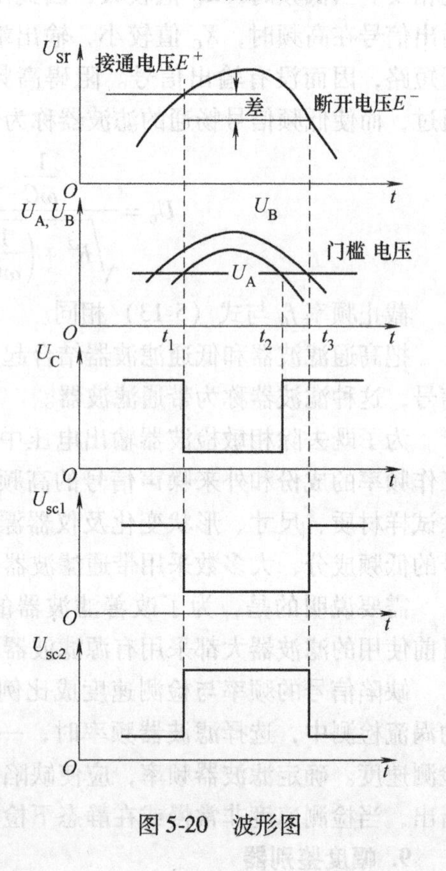

图 5-20 波形图

10. 显示器

用于涡流检测仪的显示器有示波管或显像管等器件，报警器也可作为显示器的一种。示波管或显像管可供人们用肉眼观察交变信号，例如观察缺陷信号与干扰信号及其相位关系。在涡流检测中，显示方式有矢量光点法、椭圆法和线性时基法等。

这里只讨论矢量光点法。图 5-22a 表示初相为 φ 的电压 U，它在 x 轴和 y 轴上的分量为

$$U_x = U\cos\varphi \tag{5-15}$$

$$U_y = U\sin\varphi \tag{5-16}$$

现采用两个控制信号电压相差 90°的相敏检波器对信号电压 U 进行检波，那么两个相敏检波器的输出直流电压 E_x、E_y 为

$$E_x = \frac{\sqrt{2}U}{\pi}\cos\varphi \tag{5-17}$$

$$E_y = \frac{\sqrt{2}U}{\pi}\cos\left(\varphi - \frac{\pi}{2}\right) = \frac{\sqrt{2}}{\pi}U\sin\varphi \tag{5-18}$$

从式（5-15）~式（5-18）可得知，E_x、E_y 分别与 U_x、U_y 成正比。如果将 E_x、E_y 分别加到示波管的水平和垂直偏转板上，那么荧光屏上的光点与两输入电压成比例移动，光点与 0 点的连线即表示电压 U 的矢量（见图 5-22b）。当电压 U 保持不变时，改变控制信号相位在 0°~360°之间变化，那么得到的光点轨迹将是一个圆。

如果输入信号中同时存在的缺陷信号和干扰信号之间的相位不同，调节相敏检波器控制信号的相位，使之对干扰信号的相位 φ 为零，那么由式（5-15）和式（5-16）可得干扰信号的 $E_y=0$，只有 E_x 的变化，它在荧光屏上的光点如图 5-23 所示，它只在 x 轴上移动。但相敏检波器控制电压的这个相位对缺陷信号来说就不一样了。对干扰信号的相位为零，对缺陷信号就不为零，因此出现了缺陷信号的 E_x 和 E_y 值。光点的移动不只限于 x 轴，而是在由 E_{x1}、E_y 值共同决定的位置上（见图 5-23）。这种表示法称为矢量光点法。

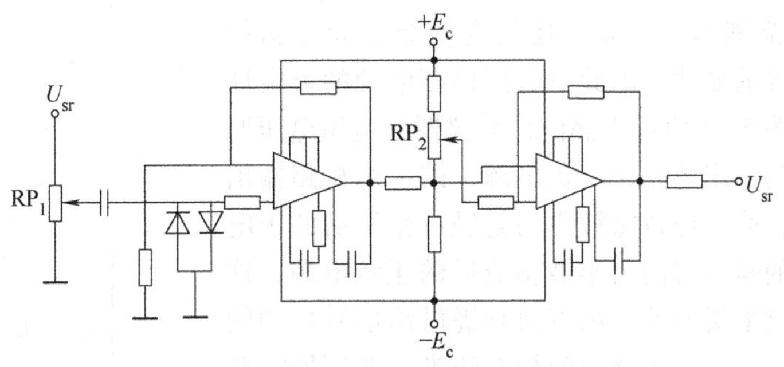

图 5-21　鉴幅器

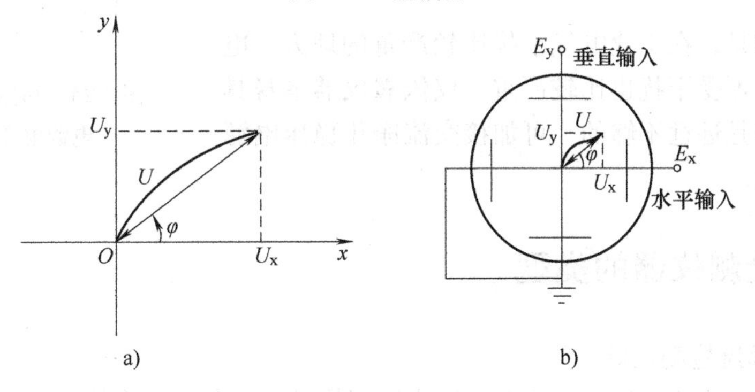

图 5-22　阴极射线管矢量表示

a）矢量图　b）阴极射线管

还有一种以直线代替光点移动的表示方法，它是将相敏检波器输出的直流电压 E_x、E_y 分别用斩波器转变为交流电压后再加到荧光屏的水平和垂直偏转板上。那么荧光屏上光点位置的变化就以图 5-24 所示的直线来表示。直线与 x 轴的夹角就是信号电压的相位，直线的长度表示信号电压的大小。

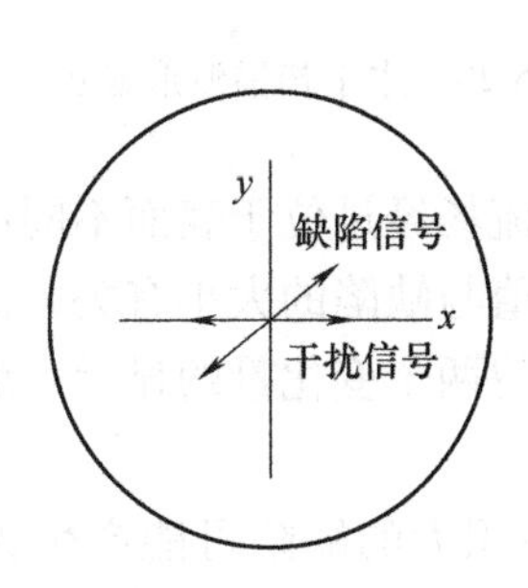

图 5-23　阴极射线管的光点移动

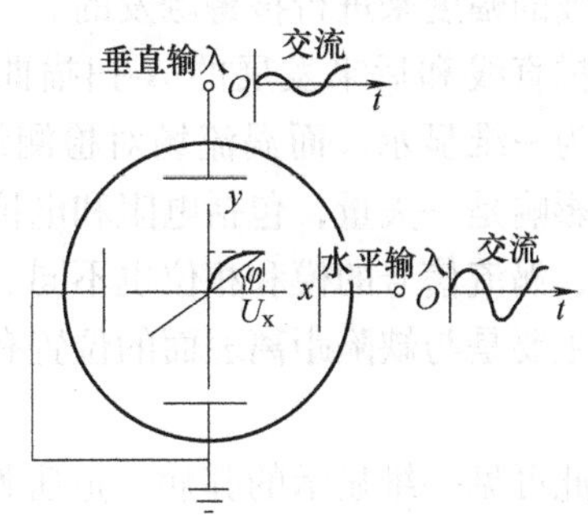

图 5-24　阴极射线管直线表示

报警器作为显示器的一种，能使某一电平以上的信号触发报警器。报警器有蜂鸣器和灯光指示器等。

11. 直流电源

在涡流检测装置中，供各种电路用的直流电源大多由 220V、50Hz 的交流电源经整流而得。由于电源电压的波动会严重影响电路工作，因此必须采用直流稳压电路，这种电路的使用一般都限制在交流电源变化 ± 10% 的范围内。直流电压的变化会引起振荡频率、放大器增益等的变化，因此对直流稳压电源的稳定性有较高的要求。图 5-25 所示为涡流检测仪器的电源电压原理图。第一组桥路输出的是正、负电源，第二组桥路输出的是单一正电源，第三组桥路输出的是经过稳压后的正电源，第四组输出的是经过两组半波整流后的正负电源，这几组电源都是经过平滑滤波，第五组是提供给信号灯用的交流低电压电源。一、二次绕组间加虚线表示变压器需要加屏蔽层。

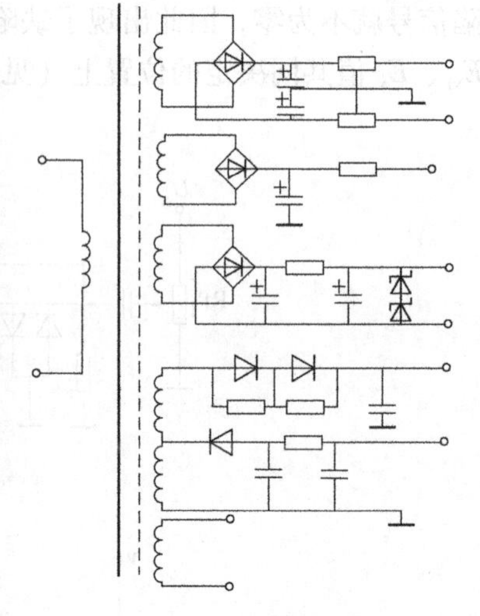

图 5-25　涡流检测仪器的电源电压原理图

需要注意的是，在工业电气干扰比较严重的地方，电源的输出电压波形受干扰也比较严重，仅依靠仪器本身具有的抗干扰能力是远远不够的。可加接交流净化稳压电源来解决这个问题。

5.2　涡流检测仪器的类型

1. 智能型涡流检测仪器

在典型的涡流检测仪器的屏幕上，涡流检测信号为一条扫描直线，如图 5-26a 所示。当检测线圈扫描经过工件缺陷时，扫描直线产生一正弦波，如图 5-26b 所示。为了抑制噪声，早期的仪器还设立狭缝区域，只有当波峰进入狭缝后才认定是缺陷信号。狭缝报警和采用幅度鉴别器一样，都是利用缺陷波的幅度来进行报警触发的。

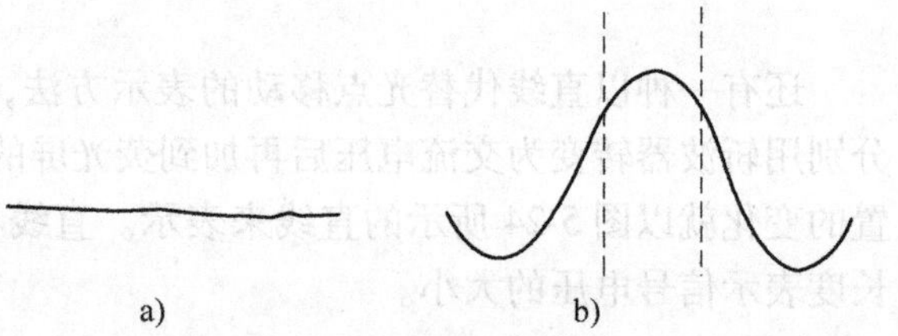

狭缝

a)　　b)

图 5-26　水平扫描波形显示

扫描直线和后来发展的 A-扫描曲线，通常称为一维显示。而涡流场对检测线圈阻抗的影响是一矢量，包括电阻和电抗分量的变化。当涡流场经过位于表面不同深度位置的缺陷时，涡流信号的模和相位也不同。通常涡流信号的幅值与缺陷的大小有关，而涡流信号的相位主要是与缺陷距离表面的位置有关。对于幅值和相位两个变化量的显示一般称为二维显示。

由此可见一维显示的弊病。危害性不大、深度浅而面积大的缺陷可能产生大的回波信号；而危害性很大、深度很深而面积较小的缺陷却只出现小的回波信号。按报警门槛的方式，危害性不大的缺陷被挑出来造成误报，而危害性很大的缺陷因其面积小而漏检了。

图5-27所示为用内插式线圈对内外壁加工有人工缺陷的冷凝器黄钢管做两种不同显示方法的比较。

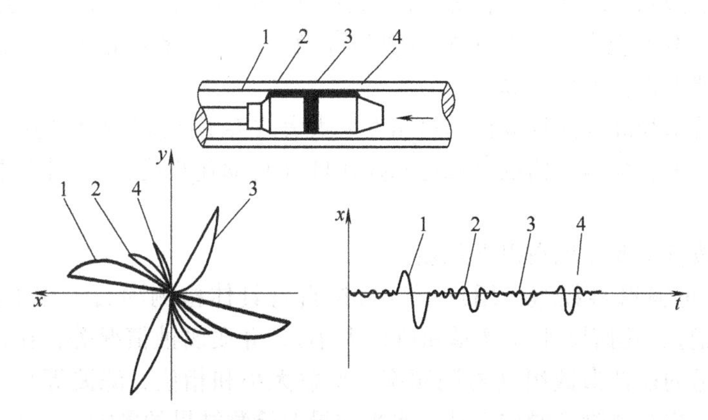

图5-27　采用阻抗平面显示于A-扫描显示比较

1—ϕ4mm×0.3mm（内壁）　2—ϕ1.5mm×0.7mm（内壁）

3—ϕ5.5mm×0.3mm（外壁）　4—ϕ2mm×0.7mm（外壁）

可见，对1内表面缺陷A-扫描曲线显示的大信号，其对应缺陷深度仅为0.3mm；而同样是内表面缺陷的2，由于相位滞后，其x轴上分量小，加上其直径仅为ϕ1.5mm，虽然缺陷深度为0.7mm，在A-扫描曲线上幅值远小于1缺陷；对外表面缺陷也是同样道理，也将会把3缺陷当做大于4缺陷来处理。

阻抗平面显示可以同时观察信号的幅值和相位，由不同的相位来分析缺陷的位置和深浅，由幅值来判断缺陷的大小。因而可以综合评价，找出危害性较大、必须报废的工件。

初期的阻抗平面显示的涡流仪器是通过记忆示波器来显示波形的，但它的价格既昂贵又容易损坏，所以很难被普及。

（1）智能型和数字化的涡流检测仪器　自20世纪80年代中期，在涡流检测仪中开始应用计算机技术。最初采用单板机，随着微型计算机价格的下降，现在多采用市场上的主流机型，存储容量大、功能强，软件上可以有更大的发挥。

应用计算机技术可以直接采集检测线圈信号，应用FFT（快速傅里叶变换）技术获取缺陷信号。这种技术造价高，且由于计算机处理速度的限制，满足不了自动探伤的要求。在自动化探伤中，被检产品批量都是很大的，因而希望检测速度尽量快。所以国内用于自动探伤的涡流仪器多采用后处理的技术，即先由硬件检出缺陷信号，再输入计算机做后期处理。因此，一台好的智能化涡流检测仪，对其硬件和软件都有较高的要求。智能化涡流检测仪有两种结构：一般都将仪器和计算机设计成为一体，成为专用计算机，使用和管理都很方便。但有时为了充分发挥计算机的功能而采用外部接口方式，将一部整体计算机通过一个专门设计的电路与检测仪连接起来运行。我国自1993年后期开始出现数字化涡流检测仪器雏形，后期发展迅速，日益完善，逐渐显现出数字化涡流仪器在操作上的优越性，且体积也大大缩小，出现便携式结构。

在探伤中，理想状态是能准确地发现并区分缺陷。这也提出了两方面的要求：完整地采集缺陷信息，对采集到信息的全面分析。检测仪器的主要功能就是对信息的分析处理。为了能准确地分析处理好采集到的缺陷信息，人们想出了诸多方法，如阻抗分析、调制分析、幅度鉴别、相关分析、谐波分析、时序分析、对缺陷波形的宽度、包络、面积、波峰、斜率分析以及建立数字模型和树理统计分析等。涡流检测仪的智能数字化为上述的各种分析方法提供了理论基础。虽然到现在为此仍不能对缺陷准确定性，但随着相关技术的提高，发现缺陷、区分缺陷的能力也会大幅提高。

数字化电子技术和高性能计算机的迅猛发展大大改善了涡流检测仪的信号处理方式和电路，进一步提高了涡流检测仪器的可靠性和操作性（自动化程度）。其中以操作性能的改善尤为明显。

操作性能的改善主要体现在以下几点：

1）仪器内置可编辑参数组。用户可以根据自身具体检测项目，如工件材质（如铜、钛、不锈钢或碳钢）、几何尺寸（壁厚和口径大小）、介质腐蚀情况等，在模拟实验和现场实际检测摸索相适的最佳参数组（检测频率、增益大小和相位、滤波等），编号存入仪器，构成专家系统。这样既消除了操作者技术水平差异对检测结果的影响，又可以保证历次检测的一致性。操作者只需根据现场情况，在众多参数组中挑选一组与现场工件材质、大小等条件一致或相近的参数组序号，仪器所有参数包括自动混频操作都自动设置完好，无需任何调试即可进入检测状态。

2）仪器可以采用全自动数字多频混合技术，摒弃了以往繁琐的手动反复调整操作方式，这在现场实际使用中更令操作者赏心悦目。操作过程只需选择适当频率和增益，使得用于混频的几个通道的干扰信号大小差不多，数秒内仪器便自动计算混合完毕，消除了拟定消除的干扰信号。况且这些工作也可以在实验室时调定，与设置的各项检测参数一道编号存入仪器，现场只需调用即可。

3）多画面同屏显示各个检测通道的阻抗平面图、滚动条纹图和各个通道（包括各个混频通道）当前设置的各项检测参数值，如频率、增益、相位、位移、滤波、调零方式、参数组序号、报警总数和当前日期时间等。多画面同屏显示功能使操作者可同时获得多种信息，便于现场操作、调试、分析、判断和决策。目前，国内出现的同屏画面最多的可达八个以上阻抗图、多个滚动条纹图和各项参数值显示窗口。可一次性获得多种涡流信息（如缺陷检测和壁厚腐蚀减薄测量）。

4）无需外设录像机或记录仪，即可存储和再现整个检测过程的各个检测通道和混频通道的阻抗平面图和滚动条纹图，这对于核能（如核电站）等具有核辐射污染源的现场条件尤为重要，操作者在现场只管检测，不作分析，把数据带到现场外再现、分析、判废和存档，可以大大缩短现场作业时间，减少污染，保障人身安全。

5）可作数理统计，同屏显示涡流阻抗图和金属缺陷状态分布图（标记缺陷位置及缺陷的严重程度）、直方图、统计表便于存档、查询、分析和比较。

6）其他方面，还可进行多模式报警、自动擦除阻抗图轨迹（擦除速度可调）、全自动信号相位幅度值分析、缺陷深度和内外壁缺陷位置的显示等。

（2）智能型涡流检测仪器分析　下面以北京华海恒辉科技有限公司生产的 HECT600 型涡流检测仪为例进行分析。

HECT600 型涡流检测仪是具有功能多、实用性强、高性价比特点的仪器，可广泛应用于各类有色金属、黑色金属管以及棒、线、丝、型材的在线、离线探伤。对金属管、棒、线、丝及型材的缺陷（如表面裂纹、暗缝、夹渣和开口裂纹等）均具有较高的检测灵敏度。

HECT600 型涡流检测仪采用 Windows 中文操作界面，模块化方式操作，提供了多种显示模式，且应用全数字化设计技术，改变产品生产规格时无需重新调整仪器。

1）应用领域：

①轴承外圈、轴承内圈、齿轮坯、环型金属零件及汽车零部件的探伤。

②铜管、钢管、不锈钢管、焊接管、铝塑管、钢丝、双层管、铜包铝、铜包钢及铝丝金属棒材等在线及离线的无损探伤。

③石油套管、抽油杆及空心轴等的无损探伤。

④冷凝器管、空调器管及汽车油管等检测。

⑤适合各种金属管、棒、线及型材的无损探伤。

2）仪器主要性能：

①检测速度：0.1 ~ 500m/min。

②频率范围：100Hz ~ 1MHz。

③增益 0 ~ 60dB，调节量 1dB/挡。

④带通滤波或速度匹配。

⑤计算机全数字式参数调整。

⑥实时阻抗平面显示。

⑦提供 X-t、Y-t、V-t 三种时基扫描实时显示模式供选择。

⑧自动记录显示缺陷位置。

⑨动态定长打标功能（高速探伤不需要）。

⑩头尾信号切除功能。

⑪高精度实时、延时报警输出。

⑫多幅相位/幅度报警技术。

⑬自动日期，时间显示。

⑭涡流检测信号回收，分析，存盘，打印功能。

⑮Windows 操作界面，模块式人机对话。

⑯电源：180 ~ 240V/50Hz。

⑰环境温度：-20 ~ 40°C。

2. 多频涡流检测仪器

图 5-28 所示为厦门爱德森电子有限公司研制的 EEC-39A 四频八通道全计算机化涡流检测仪的电路框图，将硬件部分安装在便携式计算机内。图中的 OSC 是石英晶体振荡器，输出四个不同频率，由功率放大器放大后送到激励线圈。对检测到的信号以差动式送到放大器 $A_1 \sim A_4$，以绝对式送入放大器 $A_5 \sim A_8$，对放大的信号进行正交检波，分别得到 x 信号和 y 信号。将取得的 x，y 信号送入模拟信号处理单元进行相位旋转、滤波、选择等处理后，经混频器送入显示系统和数字化的处理单元，对数据进行分析整理。分析整理后的数据如需要保留还可进行存储、打印等。

由于它可以较为有效地抑制多种干扰，所以可用于各种材料管路内部与外部缺陷（如疲劳裂痕、支撑架凹痕及沉积物腐蚀等）的检测，汽轮机大轴中心孔、涡轮叶片裂痕、螺钉内孔裂痕、飞机起落架、轮毂与蒙皮下缺陷的检测，以及含碳量、机械零件热处理状态、

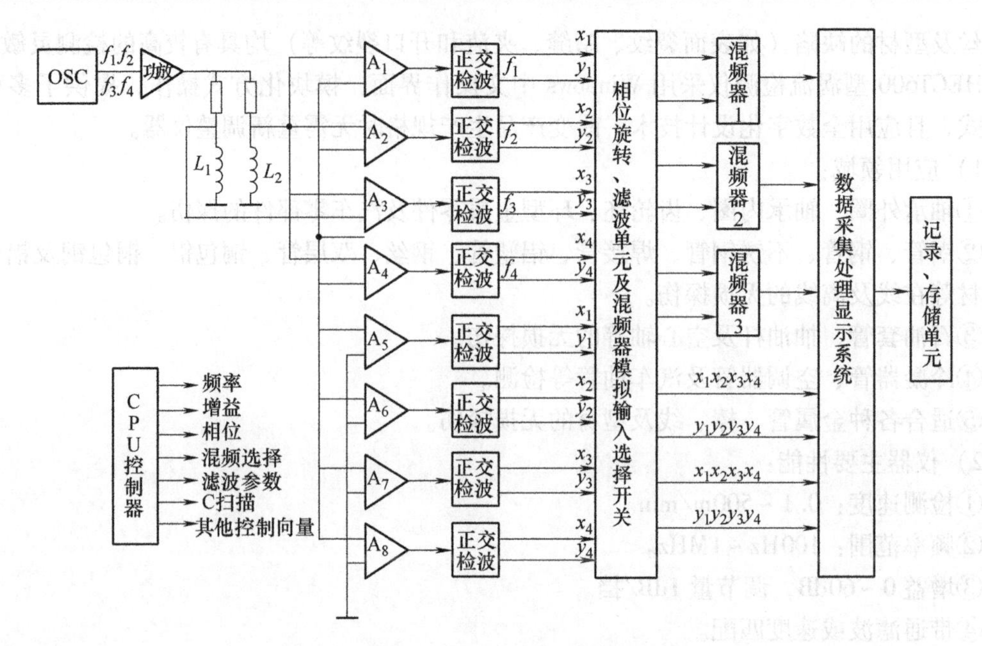

图 5-28　四频八通道多频涡流检测仪框图

渗碳层深度、硬度的评估和测量。

3. 远场涡流检测仪器

远场涡流检测的检测线圈必须放置在远场区，直接耦合信号已十分微弱，远场信号占主导地位，远场信号也很微弱，一般为 μV 数量级。远场涡流检测检测信号的相位滞后与管壁厚度呈线性关系，而且还与传播途径上的管壁特征（缺损及减薄）密切相关，检测信号的相位是非常重要的。远场涡流检测仪器都是工作在较低频率范围，一般在 1kHz 以下，低频相位变化很小，加之远场区信号也很微弱，利用相关技术，提取有用信号，并将相位信息加以放大，这就是远场涡流检测仪器与其他涡流检测仪器的主要差异。

图 5-29 所示为典型的远场涡流检测仪器电路框图。振荡器产生远场激励源，激励频率根据材质、口径和壁厚等相应变化，功率放大器对激励信号加以放大，驱动激励线圈。检测线圈接收到微小的远场涡流信号，在高灵敏度的锁相放大器内加以放大、分离，消除激励频率外的杂散电磁场干扰信号，再经滤波器滤除与检测信号无关的干扰后送至计算机进行数据处理。最后以显示、打印或磁带记录等方式得到远场涡流检测结果。当检测大口径管材时，为提高检测效果，还可以加接功率接续放大器。

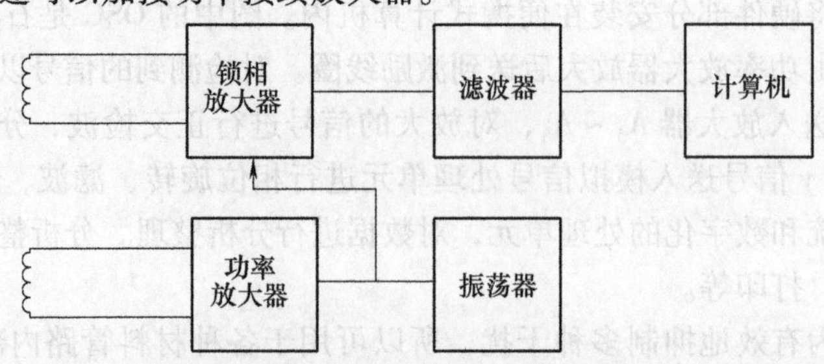

图 5-29　远场涡流检测仪器电路框图

4. C-扫描涡流成像检测

涡流成像是以计算机为基础的数据处理技术，它的最大特点是可以直观地显示出被检工件的内、外三维形象，使人一目了然。

涡流成像使用带有混频操作的四频八通道仪器。通过手动或自动的扫查器，对工件进行 x 轴幅度 C-扫描、y 轴幅度 C-扫描、合成幅度 C-扫描、相位 C-扫描、电导率 C-扫描以及对上述五种参数的空间一阶微分 C-扫描。对取得的数据通过计算机处理后成像。在扫描成像的同时，还可以结合传统的阻抗分析技术对缺陷进行定性或半定量的分析。

图 5-30 所示为飞机蒙皮—芯层以及芯层结构之间焊合程度的 C-扫描成像照片。芯层结构之间的扩散界面以及蒙皮—芯层之间的泡间三角区可以看到明显表征，如图中 I 区所示。蒙皮—芯层之间的扩散界面存在间隙型缺陷，如图中 II 区所示。

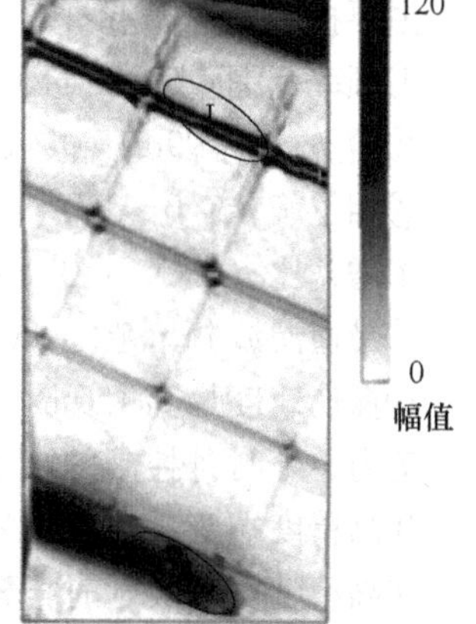

图 5-30　C-扫描成像照片

5.3　涡流检测仪器实例

通过本节介绍的几种涡流检测仪器的实际指标、性能，读者能够初步了解涡流检测仪器的实际知识，懂得如何根据工作需要去选取仪器。

（1）单通道涡流检测仪器

1）ARJ-13 单通道智能全数字涡流检测仪。

ARJ-13 是单通道智能全数字涡流检测仪，它采用最先进的涡流检测技术，是结合大规模进口集成电路、光电技术、微机控制技术的新一代全自动化检测仪器。它适用于各种金属管、棒、线材以及汽车零部件等的在线、离线以及分选等测量。

ARJ-13 具有很宽的测试频率，从 50Hz ~ 10MHz 均具有石英晶体稳定度，采用可调的带通数字滤波方式，达到更好的现场检测效果。因此，ARJ-13 对不同导电率的金属管道（无缝管或焊管）及棒材、零部件都适用。

ARJ-13 采用 Windows 操作界面，操作非常方便，简单易学，并采用了涡流阻抗平面技术和时基扫描技术，实时显示检测对象的涡流变化二维图形及两个内部带式曲线。全部操作采用菜单式人机对话，键盘控制。标准检测数据可海量存储于硬盘中，方便用户随时调用。ARJ-13 具有实时保存缺陷图片、个数和距离，以及回放整个测量过程的功能。

ARJ-13 具有独创的非等幅相位/幅度报警技术（圆窗），该技术比扇形区域报警能更好地适应涡流场趋肤效应的特点，并具有适用性更强的定时或定长打标选择和报警开关选择，为不同检测条件提供了更多的选择。仪器具有增益比技术，以提高检测的信噪比。

ARJ-13 采用严格的分贝增益控制（0 ~ 99dB），调节量 0. 5dB/挡，以满足某些场合下的检测标准要求；具有自定义去除大干扰信号的功能，通过设定干扰信号幅值去除现场的突变大信号干扰；具有实时显示幅度和相位的功能，更有利于分析缺陷信号的性质。

ARJ-13 具有先进的数字调零功能，克服了在线检测中的漂移问题，可满足更高的检测要求。ARJ-13 还具有高精度实时或延时打标控制模块，可外接光电开关，实现与机组速度无关的高精度延时打标及分选功能；同时还具有 A-扫描检测方式，方便记录每根管的检测数据，方便以后的调用。

主要技术指标如下：

①频率范围：50Hz～10MHz。

②增益：0～99dB，步长 0.5dB。

③相位旋转：0～360°，步进 1°。

④增益比（Y/X）：0.1～10。

⑤带通滤波频率范围：0～2000Hz。

⑥探伤速度最高 150m/min。

⑦内、外时钟控制的同步报警输出。

⑧高精度端头、端尾信号切除功能。

⑨高精度实时、延时报警输出。

⑩非等幅相位/幅度报警域。

⑪计算机全数字式参数调整。

⑫硬盘存储与重现检测信号。

⑬快速数字/模拟电子平衡。

⑭具有记忆轨迹延迟消隐功能。

⑮仪器可匹配任何探头。

⑯自动信号幅度、相位测量及涡流检测信号慢速（可调）回放扩展分析功能。

⑰硬件报警输出口海量存储各种检测程序、数据和图表等检验结果。

2）ET-551 全数字多功能涡流检测仪。

技术参数如下：

①频率：100Hz～1MHz，共 360 个频率挡。

②增益：0～63.5dB，步距 0.5dB。

③相位：0～360°，步距 1°。

④报警：可设置多个扇形、任意多边形等五种模式可视声像报警与控制输出。

⑤显示：彩色同屏显示阻抗平面图和滚动条纹。

主要用途：用于电力，石化和核能热交换器管道内外壁探伤、壁厚腐蚀减薄测量，包括钛、镍铜、黄铜、不锈钢以及焊管和无缝钢管的无损检测；航空发动机和汽轮机叶片，飞机多层结构和起落架、轮毂、螺栓孔探伤；铝蒙皮下腐蚀减薄测量；材质混料分选、硬度控制、渗碳层深度测量、热处理状态评价、涂镀层厚度和电导率测量。

仪器特点：中文菜单式人机对话，内置用户可编程参数组和可编辑文件信息栏，方便现场调用；快速数字滤波和电子平衡，连续模拟调零；0～∞可调图像余辉时间常数，保持当前检测信号的清晰，便于观察；内存、磁盘、数字磁带双向记录，再现所有检测过程的阻抗图和滚动条纹图；可进行全自动阻抗图相位、幅值分析以及存取和打印；可进行图形断面获取、扩展以及压缩；可调分度值直角坐标系和极坐标系；C-扫描显示；适配穿过式、内插式、点式、扇形（马鞍式）、组合式和内外旋转检测线圈以及高温检测线圈。

生产厂家：厦门涡流检测技术研究所。

3）EEC-22 智能数字式金属管道涡流检测仪。

技术参数如下：

①频率：64Hz ~ 2MHz，石英晶体稳定。

②增益：0 ~ 48dB，调节量 0.5dB/挡。

③报警：非等幅可调相位/幅度报警，具有相互独立的八个硬件输出口。

④显示：涡流阻抗平面和时基扫描，实时显示检测对象的涡流变化二维图及两个带式曲线。

主要用途：适应各种不同金属管道的检测要求。由于采用全数字化设计，因此在仪器内可建立标准检测程序，方便用户在改换焊管规格时调用；可配接耦合间隙要求很低的穿过式线圈和小型平面探头，具有延迟打标单元和端头切除功能。

仪器特点：全部操作采用菜单式人机对话，键盘控制；标准检测程序可海量存储于软盘、硬盘中，方便用户调用；重要的检测结果可冻结在屏幕上加以文字注释，并可永久存储于软盘、硬盘中，或可直接打印；具有先进的数字调零部件，克服了在线检测中的时间漂移问题，满足更高的检测要求；专门设计了非等幅/幅度报警软件，该技术比扇形区域报警能更好地适应涡流场趋肤效应；具有相互独立的八个硬件输出口，方便用户将自动鉴别出的缺陷通过机械装置归类。

生产厂家：爱德森（厦门）电子有限公司。

（2）多频、远场、多通道涡流检测仪器

1）EEC-39A 智能四频八通道涡流检测仪。

主要技术参数如下：

①检测频率：64Hz ~ 2MHz。

②多频选择：四个独立可选频率。

③滤波形式：数字滤波。

④相位：自动/手动测量。

⑤幅度：自动/手动测量。

⑥增益：0 ~ 48dB，每挡 0.5dB。

⑦报警：非等幅相位/幅度报警。

⑧显示；C-扫描及 A-扫描显示。

主要用途：适用于核能、电力、石油、化工、航天和航空等部门的在役铜、钛、铝、锆等各种管道的探伤及壁厚测量，一次性获得管子存在的缺陷状况及壁厚减薄涡流信息；能有效地抑制在役检测中因支撑板、凹痕、沉积物及管子冷加工产生的干扰信号；可用于汽轮机大轴中心孔、叶片、航空发动机叶片的裂纹和螺孔内裂纹检测；飞机起落架，轮毂和铝蒙皮下缺陷的检测；也用于碳钢含碳量及其他机械零部件的热处理状态评价，渗碳层深和硬度测量等。

仪器特点如下：

①实现多参数检测：可同时得到四个频率信号反映出的差动，绝对信号的八个矢量（即十六踪涡流信号）。

②三个综合处理（混频）单元：可同时分离或抑制三组干扰信号。

③高智能化仪器：具有实时菜单揭示、人机对话、键盘操作功能，可最大程度地消除检测过程中的人为误差。

④可配置涡流信号自动分析评价（NDE）的系统软件：仪器采集的涡流信号可通过机内的系统软件进行分析处理，并以彩色图谱的方式在屏幕上显示缺陷管的位置（行列号）及缺陷的严重程度。

⑤可设置两个四频四通道检测系统，接两个检测线圈，同时进行在役或役前探伤。

⑥自动实时信号处理：仪器可储存、处理和回放（随时调用）检测参数或涡流检测信号。

生产厂家：爱德森（厦门）电子有限公司。

2）ET-556H便携式远场多频涡流探伤仪。

主要技术参数如下：

①频率：50Hz~3MHz，四个独立选择检测频率，三个全自动混频单元。

②滤波：模拟和数字滤波。

③增益：0~63.5dB，每挡0.5dB。

④平衡：数字与模拟快速电子平衡。

⑤报警：五种不同报警设置，包括框图，扇形，窗口形，圆形以及任意形等可调整门槛分选区域。

⑥相位：自动相位/幅值测量。

⑦显示：C-扫描立体显示。

主要用途：远场涡流检测及多频涡流检测。

仪器特点如下：

①采用超薄机箱，体积仅为录像机大小（60mm×350mm×370mm），内置双频常规涡流和远场检测单元。

②便携式计算机或选配多媒体系统，控制和处理来自主机的检测信号，并可进行实时数据运算和图像显示、记录。

③用户界面友好，中文菜单人机对话，屏幕实时操作指南，并设有热键求助，操作简捷易用。

④全数字化设置参数，性能稳定，灵敏度高。

⑤双窗口，双条纹独立显示，除去无用信号相互串扰的干扰。

⑥具备通用双频涡流检测仪功能，适应各类有色金属和奥氏体钢管道探伤、测厚。

⑦配接数字磁带机、光盘、录像机记录/重现/分析全过程信号。

⑧可配热交换管图分析软件，进行管板图生成，统计，报表输出。

生产厂家：厦门涡流检测技术研究所。

3）EEC-96涡流检测仪。

主要技术参数如下：

①频率范围：1Hz~2MHz（连续可调）。

②多频选择：八个独立可选频率。

③混频方式：多个混频单元（自动混频）。

④实时显示：f_1、f_3、f_5、f_7 频谱图。

⑤单独显示：f_1、f_2、f_3、f_4、f_5、f_6、f_7 的阻抗平面图。

⑥组态分析：自动设置二维高斯分布的椭圆分选域，选择度为60.00%~99.99%。

⑦滤波方式：多种数字滤波功能。

⑧相位：幅度自动测量，相位放大 0～100 倍。

⑨动态范围：90dB，0.5dB/5dB 步进。

⑩报警：非等幅相位/幅度报警。

⑪显示：C-扫描及 A-扫描显示

主要用途：用于各种金属管道的探伤及壁厚测量；汽轮机大轴中心孔、叶片、航空发动机叶片的裂纹，螺孔内裂纹，飞机的起落架，轮毂和铝蒙皮下缺陷的检测；机械零部件的热处理状态评价，渗碳层深和硬度测量以及材质分选等。

仪器特点：EEC-96 涡流检测仪集低频涡流技术、多频涡流技术、预多频技术、远场涡流技术和频谱分析技术于一体。一台 EEC-96 涡流检测仪相当于一个多功能的涡流实验室。

①实现多参数检测：可同时得到八个频率，五十六个通道（含高次谐波）的涡流信号。

②多个综合处理（混频）单元：可同时分离或抑制多组干扰信号。

③实时分析：傅里叶变换实时分析，显示涡流响应信号的主频或f_2、f_3、f_5、f_6、f_7 次谐波分量的涡流阻抗图，也可实时显示f_1、f_3、f_5、f_7 频谱图，以分析工件检测目标参量与上述谐波分量的对应关系。

④图形线性放大：高精度 D-A 转换作为运算放大器的分贝增益控制，具有 1:1、2:1 乃至 256:1 的图形线性放大功能。

⑤组态分析：由于同类金属材料电磁特性在涡流阻抗平面上的映射符合二维正态分布（二维高斯分布），仪器以概率统计方法自动形成满足选择度为 60.00%～99.99%（可调）的椭圆分选域。

⑥预多频技术：采用预多频技术，对不同材质或热处理状态零部件进行标定和分类，以提高检测的可靠性及不同参量的分辨能力。

⑦回归分析：在测厚时，仪器可根据一组已知的试件确定回归函数，标定仪器，使结果更为直观形象，方便操作者进行无损检测评价。

⑧多功能：仪器具有远场涡流和低频涡流功能，可对铜、钛、锆等有色金属材料和铁磁性管道进行役前和在役检测。能进行涡流扫描成像，得到缺陷信息的二维及三维 C-扫描彩色图像。

⑨生产厂家：爱德森（厦门）电子有限公司。

第6章　涡流检测应用

涡流检测设备的种类较多，但其组成方式是固定的（见图4-1）。一般涡流检测设备由检测线圈（又称为探头）和仪器组成，用人来取代机械装置功能的设备称为涡流手动检测设备，与之对应的有涡流自动检测设备。涡流手动检测主要应用于以下几个方面：

1）被检测的工件批量小、规格变化多。

2）几何形状复杂的工件。

3）工作地点经常变动或是在野外作业。

4）在役使用设备。

手动检测使用的仪器多为便携式、袖珍式。在功能方面，有单频单通道、多频多通道及远场涡流检测仪等。

从使用资金来说，涡流自动检测设备所占的比重远大于涡流手动检测设备；从检测量来看，无论是吨位还是件数，涡流自动检测远大于涡流手动检测。

6.1 涡流自动检测设备

能够自动完成检测工作全过程的涡流检测设备称为涡流自动检测设备。涡流自动检测设备是由涡流检测探头、涡流检测仪器、涡流检测机械装置组成的。在检测工作中，还需要人的干预（调整、控制、操作）。

1. 涡流检测探头

探头是一种消耗器件。在一般情况下，用于涡流自动检测设备上的探头几何尺寸适当放大。对它的机械性能方面要求是：耐磨、抗冲击、变换规格方便，在特殊场合还需要耐热、耐蚀、耐压等。在电气性能方面的主要是：抗干扰性强、灵敏度高（信号要远距离传送）。因此，在探头的制作上要采取一定的新技术，在必要的时候还可将前置放大器放入探头内，进行信号的预放大，以提高 S/N。

2. 涡流检测仪器

在大型涡流自动检测设备上，并不希望仪器的体积太小，在显示上，希望有较大的观察视角和显示亮度，调整上希望有足够的空间，对仪器的重量也没有约束。

涡流自动检测对仪器的要求如下：

1）仪器必须带有屏幕显示、自动报警、储存记录、打印输出、发出控制辅助装置动作信号等多种功能。

2）仪器对使用环境无苛刻要求。

3）有较强的抗干扰能力。

4）变换规格、产品调整使用方便，最好带有中文人机对话功能，内置用户可编辑参数组，对参数可实时控制、编辑、存储和调用。

5）在满足产量需要时可采用多通道仪器。

6）能满足特殊环境要求的特殊功能。

综上所述，用于涡流自动检测设备上的仪器必须是智能化仪器，最好是智能数字化仪器。

3. 涡流检测设备

涡流检测设备的应用越来越广泛，如冶金、电力、机械、劳动安全、造船、核工业、航空航天等行业。涡流检测的应用为各个行业提供了一种有效的质量保障手段。涡流检测最适合对导电材料生产和加工企业大批、大量产品进行快速检测，可以用于对进厂原料的检测、对中间产品的检测与监测以及对出厂产品的质量检测，这就是所谓的“始”、“中”、“终”检测模式。

对于提高生产厂的企业管理水平和自动化生产能力，涡流检测也是大有作为的。如对进厂原料检测的数据，可以自动输入管理计算机，对某些重要产品采用精料方针，不重要的产品用一般原料，有问题的原料出售后还可以利用；对中间产品生产的自动监测，可以随时提供生产工艺数据，与生产设备形成闭环控制系统，一旦发现质量问题，可随时发出信号对生产设备参数进行调整，避免大批量的次品产生；对出厂产品的检测结果同样送回生产设备上形成双闭环控制网络，同时也输入管理计算机中，反馈质量信息，对整个企业的状况参与分析、统计、形成全企业的三环管理体系。

6.2 钢管的涡流检测及检测设备

作为一个合格的无损检测人员，既要知道产品存在的各种缺陷，也要熟知所在企业的生产工艺，还要了解一些金属材料的基本知识。

1. 无缝钢管缺陷

无缝钢管缺陷产生的原因一般包含以下三种类型。

（1）原料缺陷　无缝钢管大多是由圆钢帮（管坯）经加热后穿孔成为荒管，再经过轧管、定减径、冷却、矫直、切头成为成品管。如果原料上带有缺陷，如图 6-1 所示，这些缺陷在穿孔和轧管过程中是不能消除的，在轧制后缺陷呈螺旋状延长，在钢管上将成为一种新型缺陷。

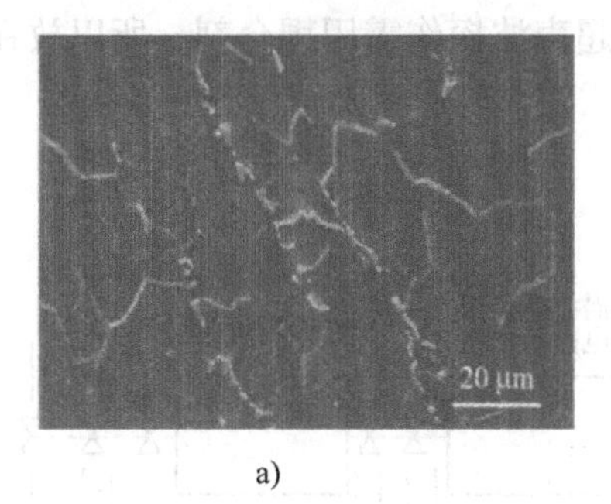

a)

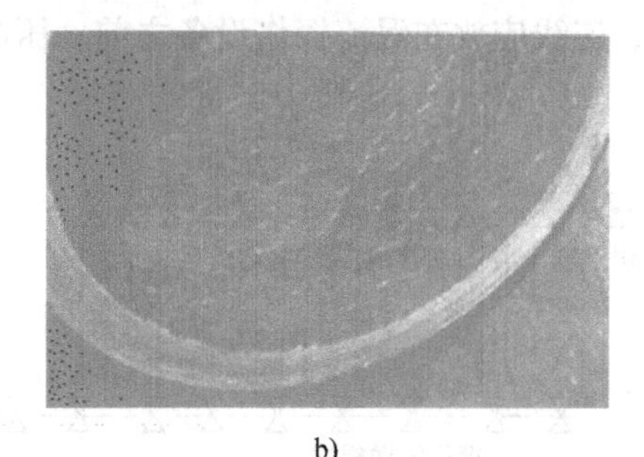

b)

图 6-1　管坯常见的典型缺陷

（2）轧制缺陷　管坯加热温度不够，温度不均匀，都会影响管坯穿孔的质量。在穿孔过程中，金属中心部分承受强烈的交变应力，在轧机调整不当时，易造成穿孔缺陷。轧管中润滑剂添加不当，压下量和速度等各种工艺参数掌握不好，荒管在再加热炉中停留时间过长或温度过高，都是轧制缺陷产生的原因。

（3）精整缺陷　冷却温度不够进行矫直、运输辊道出现带有棱角的地方、矫直机压下量过大时、切管机带动管子旋转时以及在检查检测包装过程中，极易产生磕碰和划伤校痕一类的缺陷，这类缺陷称为精整缺陷。

上述是热轧无缝钢管缺陷产生的主要原因，冷拔（轧）无缝钢管缺陷的产生原因也是这三类。对于冷加工管来说，原料是热轧管。热轧管上的缺陷除几何尺寸偏差外，其他缺陷在冷加工过程中继续存在；冷拔（轧）中也会产生缺陷；精整工序中出现的缺陷与热轧相仿。

2. 无缝钢管涡流自动检测设备

无缝钢管在国民经济中起着重要的作用。为了保证质量，在许多无缝钢管产品标准里都明确规定，必须经过涡流检测，方准出厂，对于更高要求的无缝钢管，还提出了涡流、超声两种方法的检测要求。

无缝钢管的涡流自动检测方式是由无缝钢管的生产工艺决定的。

热轧无缝钢管生产是各种机组连续作业，通过传送辊道将各机组连接至生产线。冷拔（轧）无缝钢管的生产由多台机组并行作业。无缝钢管探伤的产量，实际上体现在单位时间内探伤钢管的米长。因为不管管子的口径大小，壁厚多少，都要从探头下经过。探伤是生产工艺的一部分，也是生产中的最后一台机组。在生产线中，为了不造成生产的阻塞，后部机组的生产能力要大于前部机组的生产能力，由此可见，探伤机组必须是生产线中生产能力最大的机组。热轧无缝钢管生产线中的连线探伤设备，也就是所谓的在线探伤设备，在线探伤设备的生产能力以小时为计算单位。对冷拔（轧）无缝钢管生产车间，探伤机组的探伤能力也必须大于所有制管机组需探伤钢管产量的总和。当车间所有生产的钢管都需要探伤时，探伤机组的生产能力要大于车间的总生产能力。

图 6-2 所示为热轧无缝钢管精整生产线与在线探伤设备的关系。一台涡流探伤设备可匹配三台管端切管机，当采用电磁超声探伤设备时，由于电磁超声的探伤速度和涡流的探伤速度一致，各用一台即可。当采用压电式超声探伤设备时，由于压电式超声探伤（多通道）速度较慢，至少要用两台并列才能与涡流探伤速度相匹配。电磁超声探伤设备，一般不配备退磁装置，连线应放在涡流探伤设备之前。压电超声波探伤需用耦合剂，所以放在涡流探伤设备之后。

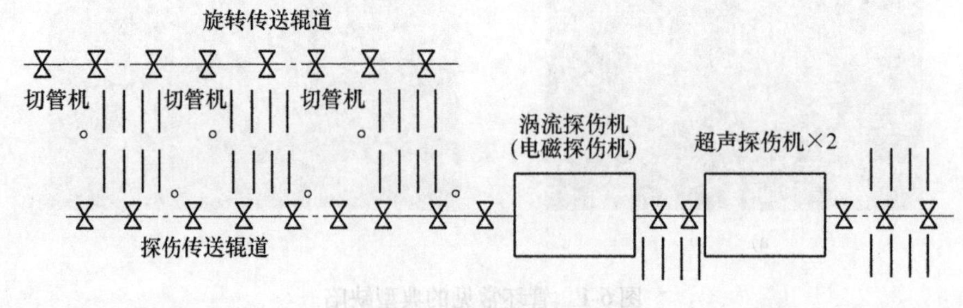

图 6-2　在线探伤机组

冷拔（轧）车间的其他机组，如拔管机组、轧管机组、退火机组、矫直机组等都是独立工作的，互相不用传送辊道运管料，而用天车吊运，相互之间的生产能力计算单位可以放大，以日或周为单位，探伤机组也是独立机组，这样的设备称为离线检测设备。图 6-3 所示的离线设备涡流检测和超声检测可以单独使用，也可以连线使用，缺点是占地面积较大、一次性投资较多。当被探伤管径在 ϕ60mm 以下时，可以将涡流检测设备、超声检测设备比较靠近地连在一起，这样可减少占地面积，投资也大为节省。

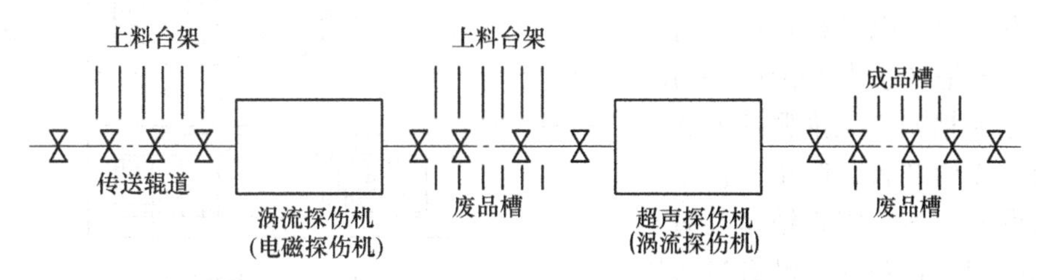

图 6-3　离线探伤机组

涡流和超声也可以各自成立一个单独机组，虽然占地和投资均较大，但方便使用。热轧无缝钢管探伤也可以采用离线的方式，但由于管径大、刚性强，涡流检测设备和超声检测设备不能太靠近。

（1）穿过式涡流检测单元

1）探头。无缝钢管生产厂家的涡流检测穿过式探头均选用自比反差式结构。选用较大的填充系数可以有效地提高检测灵敏度和其他一些重要参数。但在实际检测中，这是根本行不通的，填充系数的选取要受到一定的制约。由于无缝钢管本身有一些椭圆、弯曲，在检测时要允许这种不超标的钢管通过，还要保证检测质量；穿过式探头测量线圈距离内径表面只有 1mm 以下，非常薄不抗碰。为保护探头，一般将磁饱和单元内的导套紧密封装（见图 6-4），使其内径设计得比穿过式探头内径小一些。用于检测 ϕ90mm 以下钢管的探头内径要比钢管外径大 6.5 ~ 9.5mm，磁饱和导套内径要比钢管外径大 6 ~ 9mm；对于大于等于 ϕ90mm 的钢管，探头内径要比钢管外径大 8.5 ~ 12.5mm，磁饱和导套内径要比钢管外径大 8 ~ 12mm。

2）磁饱和单位和退磁单元。消除铁磁材料在涡流检测中的磁噪声和保护穿过式探头是磁饱和单元的两个功能。据此设计的磁饱和如图 6-4 所示。

磁饱和的磁化方式有两种，一种是用通过有直流电的线圈产生能够控制强度的磁场，当铁磁试件通过时局部就被饱和磁化；另一种是使用永久磁铁使试件磁化。前者多用于尺寸较大、规格变化较为频繁的试件上，如无缝钢管，这里主要介绍线圈式饱和。当在磁化线圈中通过直流电时，线圈将产生定向磁场。为有效利用空间增加匝数，磁化线圈分两组放置，将两种线圈串联，磁场方向一致，如图 6-5 所示。其磁力线通过导套、钢管、磁轭形成闭合回路，减小磁阻，提高磁化率。磁轭需采用纯铁、硅钢等材料，以减少铁损，导套既要有高的磁导率，还要具有高的耐磨性，一般选用 Cr_5M_0 类材料。从图 6-5 中可以看出，对于被检钢管只是局部磁化。

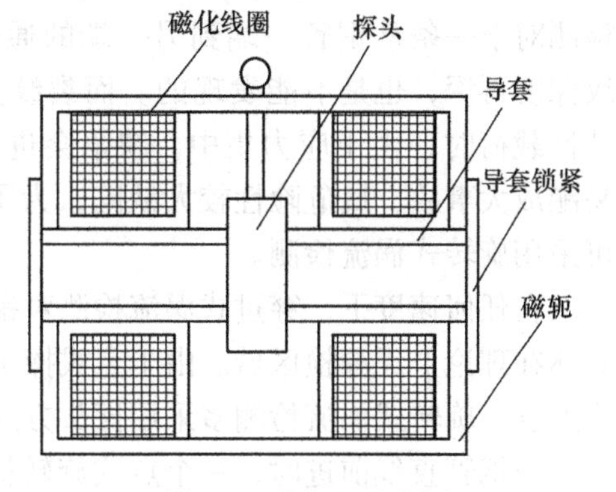

图 6-4　磁饱和示意图

当被检钢管外径变化时，钢管中心高度要有变化，要求磁饱和单元升降调整，以适合不同钢管规格。导套一般体积较大、较重，为了更方便，需将图 6-4 所示部分拉出探伤线外，这就要求在磁饱和下面装有导轨。升降和拉出线外可以用手柄摇动进行手动调节，也可以用电动机带动进行自动调节。一般是将电动调整作为粗调，手动调整作为精调。无论哪种方式必须装有固定锁紧装置，防止工作中移位造成的设备损坏。固定锁紧装置与辊道电气联锁，若磁饱和没有进入固定位置，检测设备不能开机。

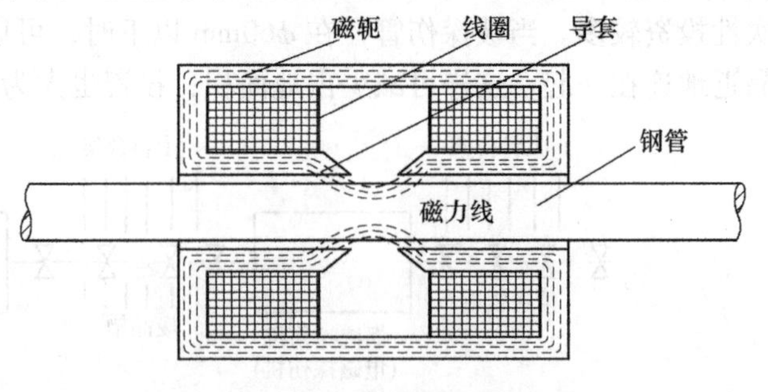

图 6-5　磁力线回路

磁饱和线圈的供电有两种方式：高电压小电流和低电压大电流。前一种方式需要线圈匝数多，体积大；后一种方式线圈匝数少，体积小，要增加冷却系统。涡流检测对磁饱和部分要求减少沿钢管长度方向（纵向）占用的体积，以减少弯曲钢管在检测位置的弯曲量。对横向体积占用不太考虑，所以国内一般选用高电压、小电流方式。这样带来的优点是设备结构简单、无维护量和成本较低。磁饱和的电源由整流装置提供。常用的磁饱和和整流装置如图 6-6 所示，交流电源经自耦调整电压后供给整流桥，整流后的脉动直流经电容器 C 平滑滤波后供给磁饱和线圈。涡流检测的磁饱和电源不提倡使用晶闸管调压，因为晶闸管是电网的一大公害，它产生的高次谐波很容易干扰检测仪器。

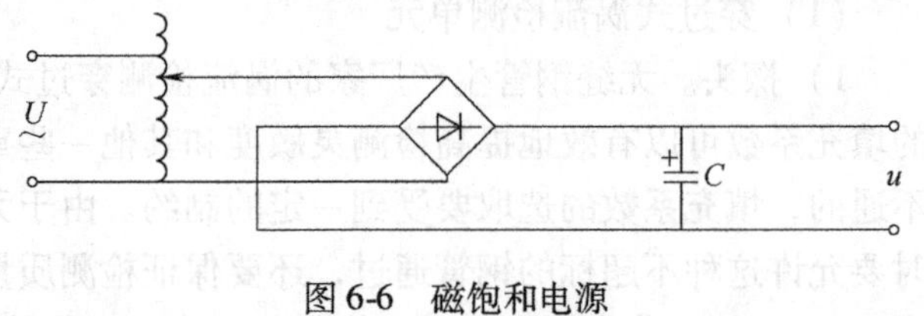

图 6-6　磁饱和电源

退磁线圈一般采用交流退磁，只要加上一个固定的交流磁场，当钢管前进时，对钢管的某一部位来说，相当于交变磁场逐渐减少，使钢管剩磁趋向于零，其原理如图 6-7 所示。其交流磁场的最大值要大于磁饱和直流磁场。在高要求时，可以增加反直流退磁磁场，与交流退磁磁场一起增加退磁效果。

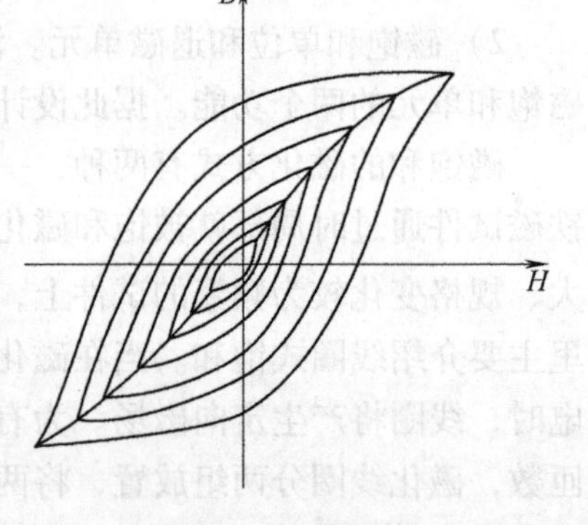

图 6-7　退磁曲线

（2）旋转式涡流检测　自比反差式探头穿过式涡流检测对于一条从钢管一端到另一端的通长裂纹，即使裂纹深度再深，也是不能发现的。而裂纹类缺陷在承受疲劳性载荷时，由于应力集中，缺陷会进一步扩大，很容易酿成大事故，属危险性较大缺陷，为了解决这个问题，可采用旋转式涡流检测。

在任何速度下，穿过式涡流检测对钢管表面是 100% 的覆盖扫查，除两端头外，对整个管体在理论上无漏检区域。由于点式探头覆盖面积小，为减少漏检区域，加大覆盖、增加探伤速度，旋转式涡流检测多采用探头方式，配备多通道涡流探伤仪。

当钢管直线前进时，一个点式旋转探头的扫查轨迹为一条螺旋线（见图 6-8）。当探头转速一定时，钢管前进速度越慢，螺旋线的螺距越小。当慢到一定的速度时，扫查螺旋有一

定的重叠。只有在这种情况下才能保证钢管检测质量，即满足速度公式

$$v=\frac{nd(1-\alpha)}{1000} \tag{6-1}$$

式中　v——检测速度，单位为m/min；

n——探头转速，单位为r/min；

d——探头有效直径，单位为mm；

α——覆盖系数。

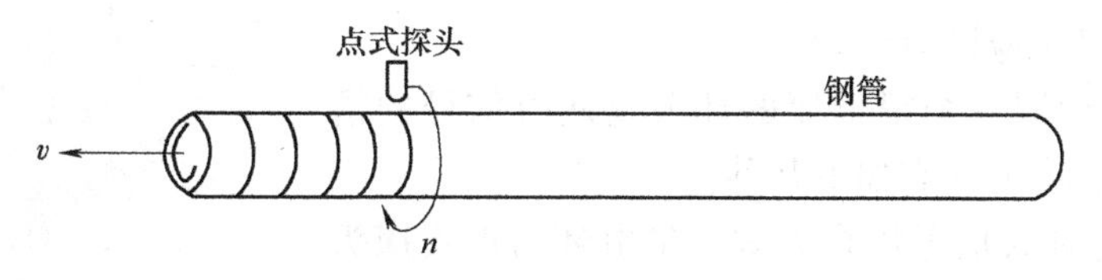

图6-8　扫查螺距轨道

当采用多通道（多探头）时，式（6-1）可以改为

$$v=\frac{nK_d dm(1-\alpha)}{1000} \tag{6-2}$$

式中　K_d——探头系数；

m——探头个数。

例6-1　旋转点式探头二通道涡流检测，探头有效直径1mm，探头系数3，转速1500r/min，覆盖率20%，求钢管允许的前进速度。

解： 已知$n=1500\text{r/min}$、$d=1\text{mm}$、$K_d=3$、$m=2$、$\alpha=20\%=0.2$，则

$$v=\frac{1500\times3\times1\times2\times(1-0.2)}{1000}\text{m/min}=7.2\text{m/min}$$

即探伤速度可达7.2m/min。

当旋转式与穿过式共同配合进行涡流检测时，由于穿过式涡流检测对钢管表面100%覆盖，故旋转式可进行大螺距扫查。此时，采用式（6-3）：

$$v=\frac{nmL}{1000} \tag{6-3}$$

式中　L——扫查螺距，单位为mm。

例6-2　穿过式和四通式旋转式联合涡流检测，探头转速1500r/min，纵向人工缺陷长度为43mm，使用穿过式涡流检测的66m/min检测速度，问当纵向人工缺陷经旋转探头时，理论上有几只探头能够发现缺陷。

解： 已知$n=1500\text{r/min}$，$v=66\text{m/min}$，$m=4$，则扫查螺距为

$$L=\frac{1000v}{nm}=\frac{1000\times66}{1500\times4}\text{mm}=11\text{mm}$$

纵向人工缺陷长度43mm，扫查螺距为11mm，不论第一只探头起点在哪儿，都只能有3只探头发现缺陷，因此，理论上只有3只探头能够发现缺陷。

点式探头旋转盘如图6-9所示。旋转盘体是中间有一个孔的圆盘，孔的尺寸要大于被检

钢管的最大管径，旋转盘体一般由不锈钢制成。点式探头安装在杠杆的一端，当旋转盘旋转时，由于离心力的作用，配重通过杠杆将探头压在钢管外壁一定距离上。调整杆臂就可以调整探头压力，这个力要恰到好处，力太轻，探头与钢管表面距离不恒定，产生跳动；力太重，探头将出现磨损。规格调整器是使探头适应不同规格的粗、细调整机构，变换规格应快捷方便。在紧急情况下或停车来不及时，起动电磁铁将探头吸离钢管表面，从而可以保护探头，这个电磁铁应与急停开关电器联锁，当急停起动时，电磁铁也应同时起动。

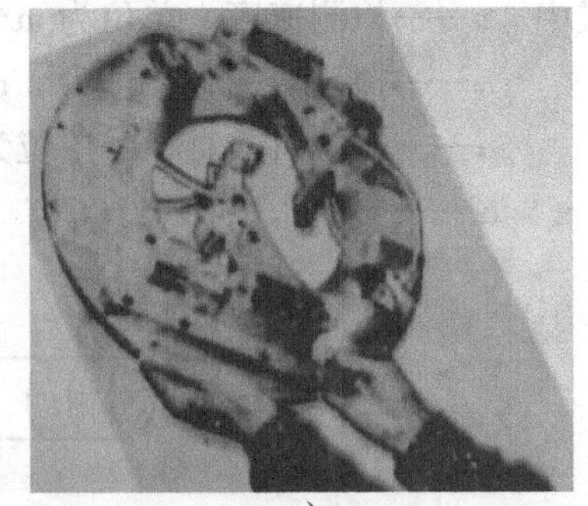

a)

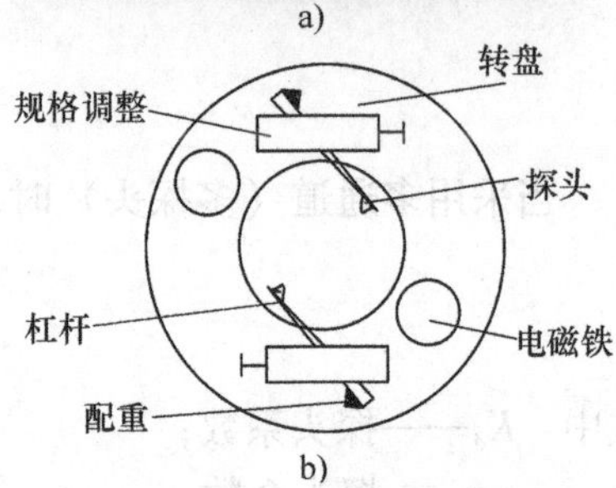

b)

图 6-9　点式探头旋转盘

旋转式涡流检测一个很重要的环节是涡流信号的耦合。常用的信号耦合方式有如下几种：

1）电刷集电环式信号耦合方式。集电环与点式探头同步旋转，通过集电环与电刷的动态摩擦接触进行信号传送。该方式的优点是结构简单、造价低；缺点是易产生噪声，电刷需经常更换。

2）旋转变压器式信号耦合方式。这种方式是一次侧固定、二次侧旋转的变压器，它是利用电磁感应原理来实现信号耦合的，如图 6-10 所示。当两个同心绕组中的一个在通以交变的高频电流时，由于电磁场的相互耦合，在另一个旋转的绕组中就会感应出同一个频率的高频电流。这种方式的优点是实现了无接触的信号传递，但在实际应用中为了提高耦合系数和减少各绕组间的相互干扰，均使用铁淦氧磁心。由于两绕组间不能紧密连接，因而总有磁漏通存在，所以一定有信号损耗。这种方式在价格上也要高很多。

3）导电溶液式信号耦合方式。与探头旋转盘同轴安装所需数量的金属盘，将金属盘的一部分放在存有导电溶液的容器中，不管金属盘是旋转还是不动，涡流信号都可以很好地耦合传递。这种方式的优点是无损耗、无磨损接触、信号耦合系数高，缺点是装置的体积大，造价也不低。

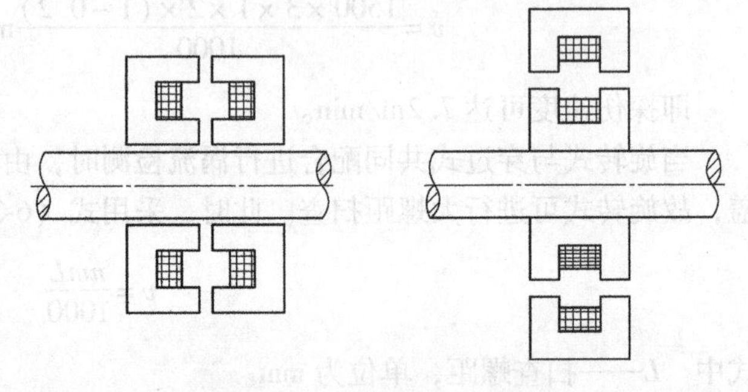

图 6-10　电感耦合示意图

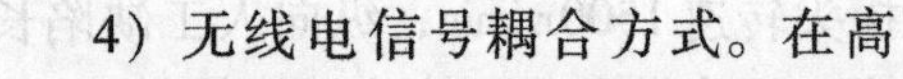

4）无线电信号耦合方式。在高温、放射性及有毒气体的场合进行无损检测时，要求操作人员远离现场，实现遥控操作，此时最理想的信号耦合是无线电式的。无线电信号耦合是与探头一起安装了激励单元、载波射频电源以及调制器等。激励单元供给点式探头激励电流，点式探头输出的信号经载波调制后向空间发射，检测仪接收到旋转头发出的射频电流，经放大、调解还原、信号处理后得到缺陷信号。这种方式的优点是可以适应高速或超高速旋转探头，缺点是容易接收其他干扰源的干扰。但这种方式却是信号传递的发展方向。

目前，由于集电环技术的发展和集电环材料、电刷材料的更新，工程上还是较多使用集电环式信号耦合方式。

旋转盘是由电动机通过传动带带动旋转，转速为400～6000r/min，根据不同需要可以减增，都采用无级调速。旋转盘工作时必需置于安全罩内，以防甩出零件。

旋转式涡流检测单元和磁饱和单元一样，要随被检管径的变化改变工作高度，也要拉出线外调整规格，因此需要有高度调节和拉出线外设施，最好具有电动和手动调节。

（3）压下装置　压下装置和传递辊道统称为夹送单元，它的主要功能是将被检钢管均速、稳定、同心地送出检测单元，克服磁饱和单元的磁化阻力。对于无缝钢管的较小弯曲，压下装置在弹性范围内也能够予以“矫直”。

压下装置有气动、液压、电动等不同驱动方式，涡流检测设备多采用气动方式。压下装置有图6-11所示的两种类型，图6-11a所示压下辊只是施加压下力，钢管的传送依靠钢管与辊道的摩擦力，由于采用V形传递辊道，因此这种类型有较高的定心精度，设备结构简单，吨位小，是ϕ150mm以下钢管检测设备的常用类型。如图6-11b所示，每个辊都是主动辊，具有传送和压紧双重功能，适用于重型无缝钢管检测设备。压下装置也分为单压下辊、双压下辊两种方式，图6-11a就是单压下辊方式，双压下辊又有图6-12所示的两种类型。图6-12a适用于ϕ90mm以下的小口径钢管，它的主要优点是双辊用一个支点，当钢管进入时，入口压辊不产生压下力，只有进入出口压辊，双辊才同时给力，避免产生撞动噪声，引起检测仪误报。图6-12b用于ϕ90～180mm钢管，由于其结构坚实，压下力大，传送力强，因此完全可以满足检测要求。

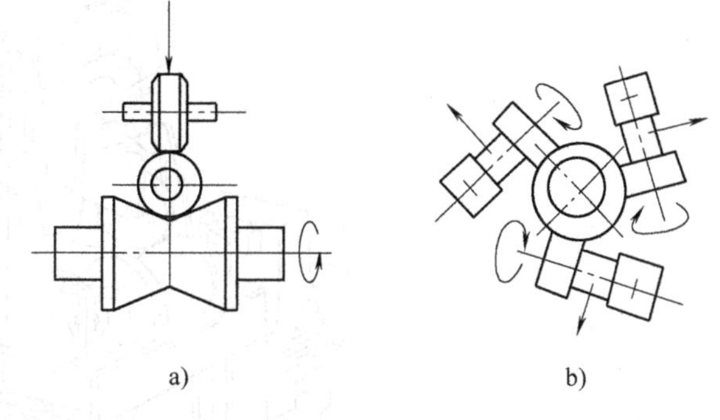

图6-11　压下装置

（4）传送辊道　传送辊道的主要功能是将钢管送入、送出压下装置。传送辊道分类方式如下：

1）按动力传动方式，分为带传动、链传动、蜗杆传动及单电动机传动。带传动噪声小，但有打滑丢转现象；链传动和蜗杆传动噪声大，但不丢转；单电动机传动就是每个辊道上用一个电动机拖动，虽然造价高，但传动稳定、无噪声、控制方便。

2）按钢管传送方式，分为辊道传送、带传送、夹送辊传送等。辊道传送是使用最多的一种方式，缺点是易造成钢管轻度磨伤、碰伤等，难以做到准确定位停车。带传送可以很好地保护钢管，但皮带易损坏。夹送辊传送使用尼龙等耐磨性材料做成V形槽，分段用夹送辊推送，由于摩擦力较大，钢管很容易停在准确位置，且对钢管无损伤。为保护钢管，辊道传送辊还可采用辊面挂胶的方式，这就使V形钢管传送辊道得到更广泛的应用。V形辊道对钢管传送而言，与钢管刚好两点相切，如图6-11a所示，与压下辊配合，形成三点夹持，稳定地传送钢管。V形传送辊道的标高是固定的，当被传送钢管外径不同时，钢管中心线高度也有变化，在辊道转速不变的情况下，钢管直线前进速度也在变化，其变化符合式（6-4）规律

$$v = n\pi\left(D + d\cos\frac{\alpha}{2}\cdot\cot\frac{\alpha}{2}\right)\times10^{-3} \tag{6-4}$$

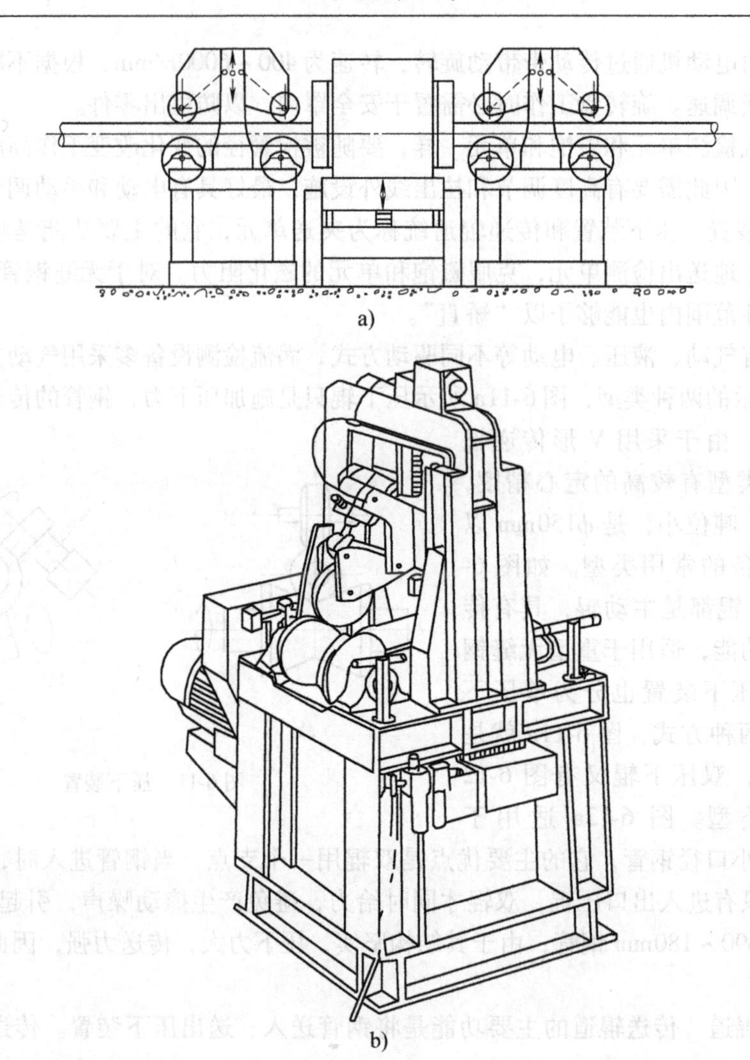

图6-12 双压下辊

例6-3 有一V形传送辊道，辊轴中心线标高为800mm，V形辊道最小直径为100mm，V形辊张角60°。当检测 $\phi160\text{mm}\times10\text{mm}$ 的钢管时，穿过式探伤机的探伤中心线标高应为多少？旋转式探伤机中心线标高为多少？

解：探伤中心线标高由三部分组成，如图6-13所示。

由于 $x=\dfrac{d}{2\sin\dfrac{\alpha}{2}}=\dfrac{160}{2\sin30^\circ}\text{mm}=160\text{mm}$

$\dfrac{D}{2}=\dfrac{100}{2}\text{mm}=50\text{mm}$

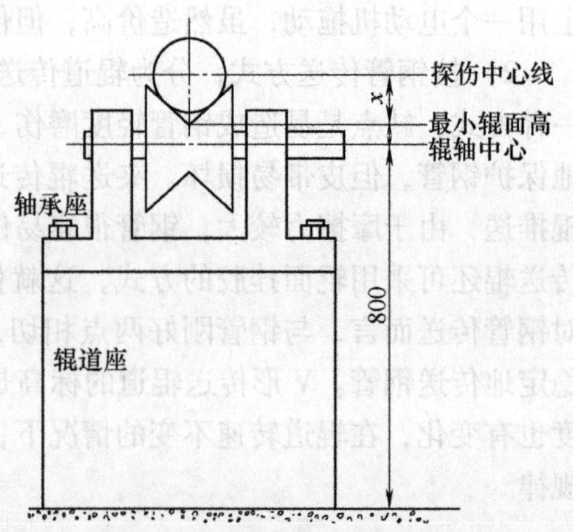

图6-13 探伤中心线标高示意图

则探伤中心标高 $h=800+\dfrac{D}{2}+x=1010\text{mm}$。穿过

式、旋转式探伤机中心线均应调在 1010mm 标高处。

通过例 6-3 可知，检测时辊道上钢管的中心线、夹送辊中心线、探伤机中心线必须同心，否则将无法保证检测精度。当同心度较差时，会出现如下现象：接近检测线圈的一边检测灵敏度高，远离检测线圈的一边灵敏度低。也就是说，仪器设好某一报警电平后，在接近检测线圈的一边时，小伤可能误判为大伤造成误检，而在远离检测线圈的一边，大伤可能误认为是小伤，造成漏检。所以周向灵敏度检验用 120°均布的三个孔、90°均布的四个孔，及一个孔旋转使用，要求孔伤的回波幅度不得相差 3～4dB，而这时的偏心度必须在小于等于 0.5mm 以内才可达到。旋转式用一个纵向伤旋转检测或刻制三个 120°均布（或四个 90°均布）的纵向伤，但纵向伤做到一致是有一定难度的。

在传送辊道的末端，应安装挡料器。挡料器有两个功能，一是防止钢管在高速检测的情况下窜出辊道，引起事故；二是可使翻料器翻下的钢管一端对齐，便于包装管运输。为防止管端碰坏，挡料器应该带有能自由伸缩的缓冲装置，如图 6-14 所示。

在夹送单元的入口段需要安装喇叭口保护器。喇叭口保护器不但可以将弯曲度较大的钢管挡住，还可以防止因上料器工作失误，同时将两支钢管翻入传送辊道，避免损坏设备。

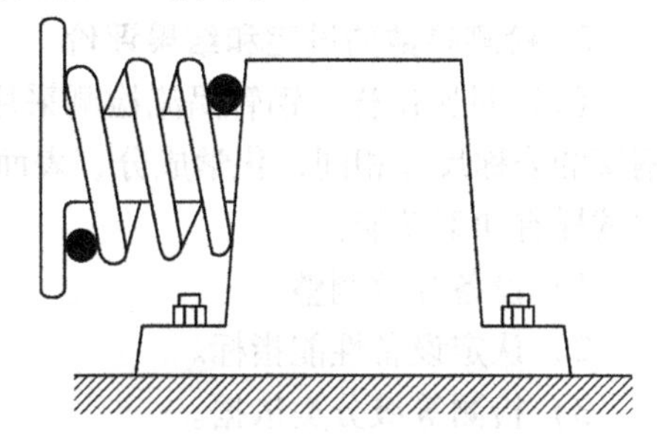

图 6-14　缓冲装置示意图

（5）上料台架及分选、标记装置　上料台架如图 6-15 所示。台面应具有一定的斜度，一般为 5% 左右，以便钢管在自重的作用下自动向翻料器方向滚动。上料筐的底部是可以向上推起的，将钢管不断地推出。由于钢管一般较长，很多时候会发生自行缠住或弯曲现象，往往需要人的干预，这时应特别防止挤手、压手。在上料台架的出料端装有可调距离的挡料器，保证翻料器每动作一次只翻出一只钢管。

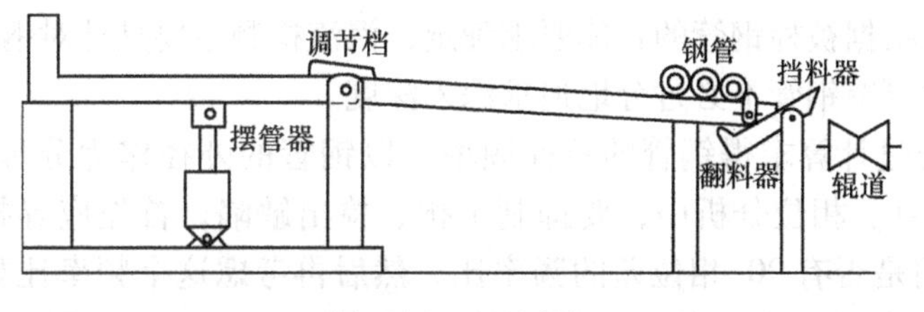

图 6-15　上料台架

下料器有翻板式、勾式、推举式，它的功能是稳定地将钢管送出辊道。在检测中将钢管分为合格、可疑和不合格三类，最好有三个受料槽。受料槽可以沿辊道两边摆放，也可以放在辊道的一边，当放在一边时，只需要一只下料器，但在前两个槽上要装有可以抬起的斜篦桥，控制不同斜篦桥的抬起放下，就可以进行分选了。

检测设备应用有标记装置。标记装置有两个功能：标定缺陷位置和对钢管分类标定。标记装置有喷枪、滚印和打标三种方式，有单色标记和多色标记两种形式，有延时控制和测长控两种制式。标记精度是标记装置的重要指标，一般精度达到 ±25mm 就可以满足需要。

（6）操作台　操作台是整个涡流检测设备的控制中心，又称控制台。操作台应具有自动控制和手动控制两种方式。在检测设备上的某些部位装上光电感应元件，便可自动测量到钢管是否存在、存在的具体位置、各个执行部件的动作情况，进而可以按事先安排好的步骤由操作台自动控制检测设备进行工作，需要时还可以人为进行干预。目前，很多操作台都加入了可编程序控制器，使操作台的功能得到扩展。操作台既是检测仪器和机械装置之间的结合部分，又是机械装置各个单元间动作的协调者，还是人机联系的纽带。操作台上除具有各部位动作控制开关外，还应装有辊道速度显示、点式旋转探头转速显示以及关键部位工作参数的显示等。在操作台和设备的关键部位，还应装有急停开关，可使整个设备立即进入停机状态，等待人为干预。

从上面的介绍可以看出，整个检测设备是一个有机的结合体，它体现的是整体功能。如果以人体来比喻，探头好比人的眼睛，仪器好比人的大脑，传送、上料分选单元好比人的手脚；电控和各类风扇、电管线好比人的神经和血脉。仅仅每个部位自身都是优秀的还不够，必须相互之间很好的协调工作，才能有效地完成检测功能。

3. 检测参数的设定和结果评价

（1）对比试样　钢管涡流检测采用对比检测方法。用于制备对比试样的钢管应与被检钢管的公称尺寸相同，化学成分、表面状态及热处理状态相似，即应有相似的电磁特性。对比试样有如下功能：

1）设备参数调整。

2）认定设备性能指标。

3）检测等级分类依据。

对比试样的制作可参考 GB/T 7735—2004《钢管涡流探伤检验方法》。对比试样制作后应送交标准计量部门检定，并出具合格证书，存档备查。

（2）仪器调整

1）检测频率设定。

①深入深度。根据被检钢管的具体要求确定，涡流检测主要是针对钢管表面和亚表面的检测方法，所以对厚壁钢管不必过分地追求深入深度。

②频率比。通过计算求得钢管的特征频率，以钢管的外径作为分母，壁厚作为分子，根据该比值查表 6-1。相位分析中，要抑制干扰、检出缺陷，首先应寻找缺陷信号与干扰信号阻抗变化之间是否有 90°相位差的频率比，然后再考虑这个频率比如何分离薄壁管的内、外壁在不同频率的阻抗变化（对厚壁管不予考虑）。图 6-16 所示为钢管内、外壁在不同频率比下的阻抗变化，可以看出，频率比越高，就越有可能是薄壁管内外壁缺陷的阻抗变化分开。

表 6-1　钢管探伤的频率比

t/D(%)	f/f_g	t/D(%)	f/f_g
25	4 ~ 22	7.5	104 ~ 60
20	54 ~ 27	5.0	204 ~ 100
15	64 ~ 30	2.5	404 ~ 200
12	74 ~ 40	1.0	504 ~ 300
10	84 ~ 50		

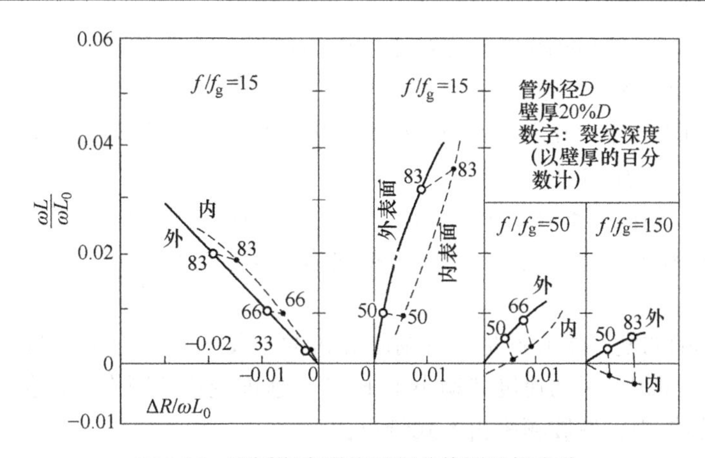

图 6-16　不同深度裂纹引起的线圈阻抗变化

③检测速度。用穿过式探头检测时，检测速度指钢管直线前进的速度；用点式旋转探头检测时，检测速度指圆周扫描速度。钢管中的缺陷对涡流磁场起调制作用，要完成完整的调制波形，调制信号的周期应比涡流的周期大得多才行，否则就会影响检测灵敏度，缺陷调制波如图 6-17 所示。当有缺陷波幅度变高、标高的波幅太少时，检波后就易失去这个信息，所以要多含几个被调制的波头，缺陷信号会被调制波头的轨迹，给予制约，见式（6-5）。

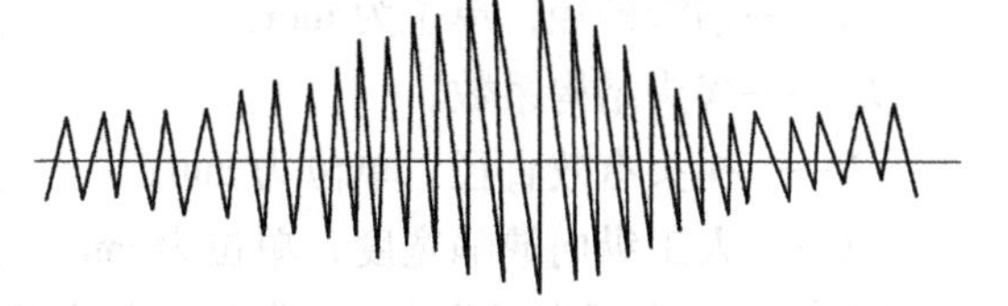

图 6-17　缺陷调制波

$$v=\frac{b+2d}{t} \tag{6-5}$$

式中　v——探伤速度，单位为 m/min；

b——测量绕组间距，单位为 mm；

d——缺陷直径，单位为 mm；

t——缺陷调制波周期，单位为 ms。

例 6-4　为了保证穿过式探头的检测灵敏度，要求一个缺陷的调制波应包含 10 个以上的激励波形，激励频率为 1kHz 时，为使钢管上 ϕ1mm 的人工孔得到较高的灵敏度，已知测量绕组的间距为 8mm，探伤速度最高不应超过多少？

解：已知 $b=8\text{mm}$，$d=1\text{mm}$，$f=1\text{kHz}$，则

$$T=\frac{1}{f}=\frac{1}{1000}\text{s}=1\text{ms} \qquad t=10T=10\text{ms}$$

$$v=\frac{b+2d}{t}=\frac{8+2\times 1}{10}\text{mm/ms}=1\text{mm/ms}=1\text{m/s}=60\text{m/min}$$

即检测速度最高不应超过 60m/s。

2）平衡电路调节。手动平衡调节需要将增益放到较低挡位后，反复调 ωL 和 R 补偿两个旋钮，逐挡升高，直至得到所需灵敏度。自动平衡仪器有的也需人工干预，它有两个单向钮，反复按钮，观看指示，很容易找到平衡。

3）灵敏度调整。灵敏度调整是将对比试样中的人工缺陷信号的大小调节到所需的电平。灵敏度调节必须对钢管传送速度、磁化电流予以确定。灵敏度调整应和相位、鉴幅、滤波等旋钮反复统调才能最后确定。灵敏度的最后确定是以缺陷信号波幅在显示器上达到满幅的50%～80%的波高为依据的。

4）相位调整。相位调整有两个目的，一是提高缺陷信号的信噪比，二是区别缺陷的位置和种类。缺陷的种类和薄壁钢管的内、外壁缺陷的区分除了与相位有关外，还与检测频率有很大的关系。

5）滤波频率的调整。滤波器是完成调制分析的主要部件，为了使调制分析正确可靠，要求钢管和探头之间相对运动速度波动小于±5%，速度变化范围太大，会使调制分析失败。

对于点式旋转探头，滤波频率由下式给出：

$$f=\frac{n\pi d}{60(K_{\mathrm{d}}D+b)} \tag{6-6}$$

式中 f——滤波器中心频率，单位为Hz；

n——探头转速，单位为r/min；

d——钢管外径，单位为mm；

K_{d}——探头结构系数；

D——探头有效直径，单位为mm；

b——人工纵向缺陷宽度，单位为mm。

例6-5　一个用直径为1mm磁心做成的三点式旋转点探头对ϕ10mm的钢管进行检测，人工纵向伤宽为0.1mm，滤波频率旋钮放在200Hz挡，问探头旋转速度为多少时缺陷波最大？

解： 已知$f=200\mathrm{Hz}$，$d=10\mathrm{mm}$，$D=1\mathrm{mm}$，$K_{\mathrm{d}}=3$，$b=0.1\mathrm{mm}$，因为

$$f=\frac{n\pi d}{60(K_{\mathrm{d}}D+b)}$$

所以

$$n=\frac{60f(K_{\mathrm{d}}D+b)}{\pi d}=\frac{60\times200\times(3\times1+0.1)}{\pi\times10}\mathrm{r/min}=1185\mathrm{r/min}$$

即探头旋转速度为1185r/min

6）鉴幅器调整。鉴幅器的调整实质上是设定报警电平。它是对钢管进行分类的电平，这个电平设定得是否合适与成品率的高低直接有关。报警电平是在实际检测中加以设定的，对于穿过式探头，将对比试样人工缺陷固定在探头之下，调整报警电平，直到对人工缺陷报警。再让对比试样按所需的检测速度行进，保证在动态条件下能正常报警，无误报和漏报。报警旋钮和灵敏度旋钮应配合调整。

7）记录仪及标记的调整。调整记录仪时，所选定人工缺陷的指标高度应调到记录仪满刻度的50%左右。现在很多智能化仪器用的是打印机，它是将荧光屏上的显示直接打印出来，成为硬拷贝。当仪器发出报警信号、人工缺陷经标记器时，标记器应发出动作，给予标记。

8）磁饱和磁化电流调整。磁饱和磁化电流的调整是由被检钢管的磁特性决定的，磁饱和提供的磁场强度无需达到饱和区，只需调到饱和磁场强度的80%以上即可。

（3）结果评定　检测的最后结果是将被检钢管分为合格和不合格品，对怀疑一类的钢

管将灵敏度旋转提高2dB后复检，报警的部位即为不合格品，根据目测观察或经验判断，确定切掉或是磨修。磨修后钢管还需复检，程序同上，继续报警的即为不合格产品（参见GB/T 7735—2004《钢管涡流探伤检验方法》）。

根据标准要求，每批钢管检测后应签发检测报告，检测报告具体内容参见（GB/T 7735—2004《钢管涡流探伤检验方法》。

（4）管理和认证

1）管理。检测工艺的实施过程也是物流和信息的两个流动过程。被检钢管即是物流，在检测过程中要进行严格的管理，管捆与管捆之间不得相混，检测过的钢管和未检测的钢管要分开堆放，合格品和不合格品要分别包装，在检测过程中要严格防止不同批号的钢管相混合；工艺流动卡片、检测报告以及成品保证书是信息流，信息流要始终紧跟物流，要准确反映被检钢管的真实情况，要随时提供回馈信息，各种记录要求准、细、清、全，责任者明确，具体有可追溯性。

要有明确的管理规章制度，如岗位责任制、操作规程、维护规程、样管登记、仪器登记、检测原始记录、检测报告存底以及内部抽查管理登记等。在ISO9000系认证的企业，上述文件均为受控文件。

2）认证。认证是指钢管生产企业和钢管使用用户之外的第三方认证。

无缝钢管涡流检测设备认证参见YB/T 4083—2011《钢管自动涡流探伤系统综合性能测试方法》，这是硬件认证条件。对软件的认证还有岗位人员配备、岗位责任制、岗位考核、操作规程、样管制作、样管计量（要有计量部门的鉴定报告）、仪器维修及保养、设备管理制度、设备维修制度、设备综合性能校验记录、检测原始记录、检测日报月报表、抽查及复检、检测质量塑源、检测人员培训、检测人员资格，检测人员实际水平以及设备检测能力等。

4. 焊接钢管和异形钢管涡流检测设备

对焊接钢管来说，主要是检查焊缝的质量。焊接钢管的检测设备有两种形式均可采用，一种是无缝钢管穿过式检测设备，它可以对钢管圆周表面做100%的扫查，当然也包括焊缝（直焊缝）；另一种采用扇形（马鞍式）探头。这里主要介绍使用扇形探头的直焊缝钢管涡流检测设备。

扇形探头的涡流检测设备由扇形探头、涡流检测仪器、探头支撑装置、离线校准机和操作台等组成。

扇形探头具有一个圆弧形的灵敏区，如图6-18所示，这个灵敏区小于180°，因而特别适合直焊缝焊接钢管的在线检测。在高频焊接机后面，飞锯的前面安装涡流检测设备，既可提高工作效率，又可省去检测专用的机械传动设备，因此，设备造价和吨位都显著降低。扇形探头可以减小管材表面引起的噪声，使仪器有较高的灵敏度余量。

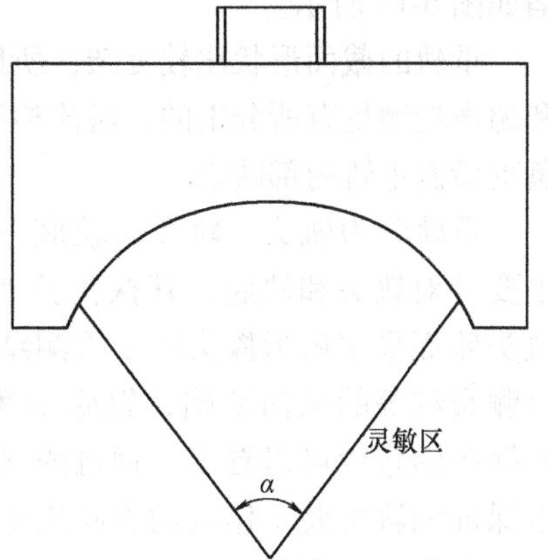

图6-18　扇形探头圆弧形的灵敏区

探头支撑装置是涡流检测的主机。探头支撑装置的主要功能如下：

1）使扇形探头在固定的间隙下的焊缝表面随动。

2）对被检钢管局部磁饱和。

3）将扇形探头从生产线上移到离线校准机上。

离线校准机是一个带动人工缺陷样管反复运动的机械装置。当进行校准调整时，探头和样管必须有相对位移，探头才能不断采集到缺陷信息，才能对仪器进行调整，设立校准检测的各种参数。所以用离线校准机模拟钢管在生产线上的行进过程，以便对仪器进行调整。这就要求离线校准机的往复运动速度是无极的，以便和生产线速度对应；起动和制动时间短，匀速运行段的时间长；便于更换不同规格的人工缺陷试样。

离线校准机的操作台和所需仪器与穿过式涡流检测设备相同。

直焊缝焊接钢管的涡流检测主要是代替水压试验，可以参照执行 GB/T 7735—2004《钢管涡流探伤检验法》A 级即可。

螺旋焊缝的焊接钢管，其涡流检测设备主要复杂在探头能始终随动到螺旋焊缝上，由于螺旋焊管口径都很大，所以相应涡流检测设备的吨位也大。

异形管材由于其横断形状各异而得名。由于异形管材品种繁多，涡流检测技术也只能适用于一部分异形管材的检测，如六角形截面、三角形截面、正方形截面等较为规则管材的较为规则的截面。这种截面形状的钢管如果采用其他检测方法，要实现自动化是非常困难的，而用涡流方法却很方便，只要将穿过式探头的骨架做成适合于截面的形状就可以了。

对于外壁或内壁带有几条纵向筋的异形管材，也可用穿过式或内插式探头进行检测，在外壁有筋时用内插式，在内壁有筋时用穿过式。只要适当选择激励频率就可做到只探平坦管壁上的伤，而不探筋上的伤。外壁有筋的用内壁旋转式，内壁有筋的用外壁旋转式。适当选择激励频率，同样能达到控制探伤深度的目的。

本节所讨论的涡流检测设备完全适用于其他材料的金属管材和棒材。

6.3 金属材料涡流检测及检测设备

1. 钢轨的涡流检测

钢轨分为轻轨和重轨，重轨在使用中承受很大的载荷，对其有较高的要求，所以钢轨的涡流检测一般是针对重轨而言。重轨有 43kg/m、50kg/m、60kg/m 三个规格。重轨的常见缺陷如图 6-19 所示。

重轨的截面形状比较复杂，所以其涡流检测难度也较其他型材难度大。重轨的涡流检测和超声检测是有所分工的，涡流检测主要负责检测重轨的表面和亚表面缺陷，超声检测主要负责检测重轨内部缺陷。

重轨分为轨头、轨腰和轨底三部分，轨头和轨底是缺陷较为集中的地方，涡流检测主要针对轨头和轨底，其探头分布如图 6-20 所示。对不同的部位采取不同形式的探头：轨头侧面采用扇形探头用于检测结疤等轨头部位的横向缺陷；轨头采用旋转探头，用于检测裂纹等的纵向缺陷；轨底采用斜面平探头，用于检测轨底的横向缺陷和纵向缺陷。从探头的布置可以看出，钢轨的涡流检测必须是多种类型探头同时工作，才能卓有成效地保证钢轨主要工作点的表面质量，因此必须采用多频率的多通道涡流仪，最好智能数字化并带有专家程序。

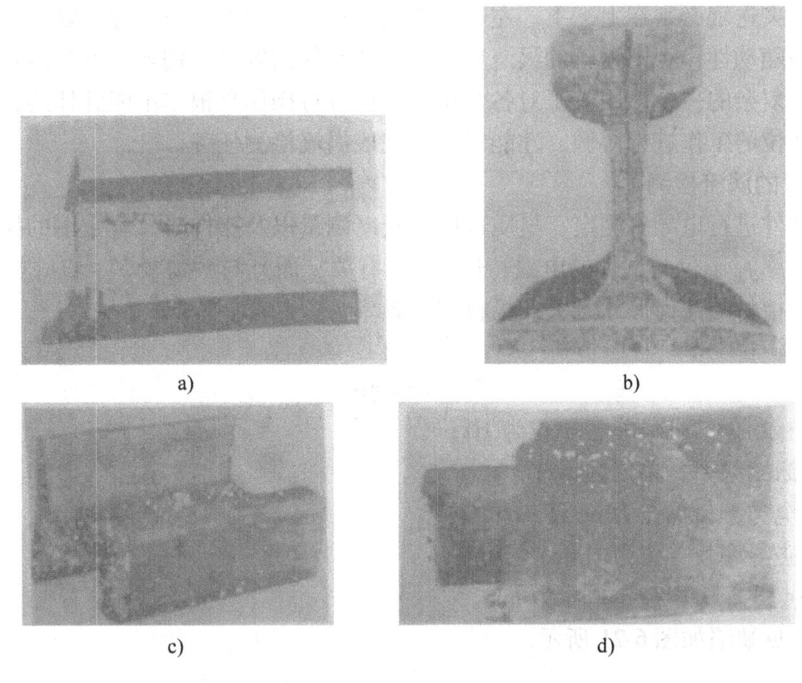

图6-19　重轨的常见缺陷

a）折叠　b）开裂　c）、d）结疤

在轨头的两个扇形探头表面上镶嵌硬质合金，硬质合金比探头面高出0.5mm，让探头与轨头滑动接触，通过探头架机构与轨头随动，尽可能减少钢轨行进时的跳动噪声。钢轨未进入检测区域时，探头是缩回去的，当钢轨进入检测区域，让开前端头后（避免端头撞坏探头），放下探头，当后端头即将到来时，探头又抬起，这一切通过光电或感应元件控制。由于钢轨生产线的传动速度为90m/min左右，所以要尽量提高探头起落的控制精度，减小端头不可探区。轨底和轨底斜面的平面探头的工作原理与轨头的扇形探头相同。轨头和轨底的旋转探头，也必须在端头进入后落下，探头架上带有一个小轴承，与轨头、轨底滚动接触，使探头和轨面保持恒定距离。

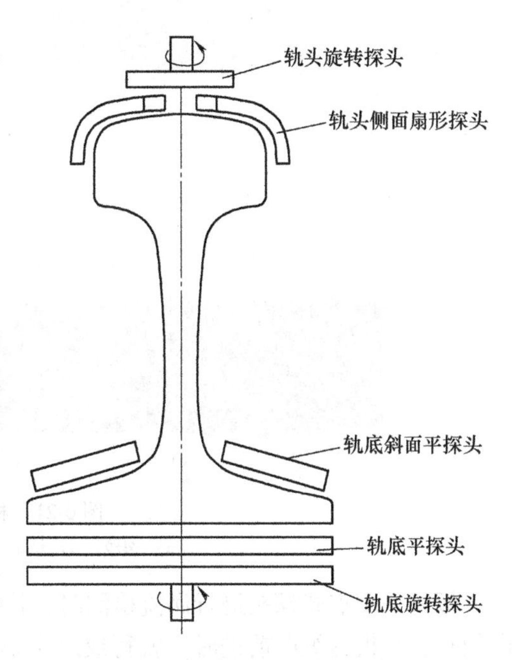

图6-20　重轨的涡流检测示意图

扇形探头和平探头都要求对钢轨进行磁化，以消除磁噪声。磁饱和有两种方式，一是采用永久磁铁，可以有效地减少体积和重量，但要与探头一起随动；二是采用电磁体，体积和重量虽然很大，但若从轨底进行磁化，则不增加随动探头的体积和重量。

钢轨探伤不但传送速度高，而且钢轨的重量也很大，要使这样的庞然大物，在高速下传动，既不允许上下跳动，也不允许左右晃动，是很难做到的，对此，一方面采用吨位很大的夹送辊系统，夹送辊必须在上、下、左、右方向上都有夹送力；另一方面要求探头的随动装置要有很好的随动性，否则钢轨的涡流检测很难达到预期效果。钢轨涡流检测是各种型材涡流检测中较为复杂的一个，用人工对各个执行部件进行操作是根本不能胜任的，必须使用计算机对各个部位的工作进行协调，才能很好地完成涡流检测任务。

2. 板带材的涡流检测

对板状试件进行电导率测定、材质试验、板厚测量以及探伤时，若使用的探头为点式探头，则特征频率f_g不仅与试件的电磁特性σ、μ有关，而且与激励频率、点式探头的半径有关，但与被检板材的几何尺寸无关。板材特征频率为

$$f_g = \frac{1}{2\pi f\sigma\mu r^2} \tag{6-7}$$

式中　f_g——板材的特征频率，单位为 Hz；

f——激励频率，单位为 Hz；

σ——电导率，单位为 $m/\Omega \cdot mm^2$；

μ——磁导率，单位为 H/m；

r——点式探头半径，单位为 mm。

板材的常见缺陷如图 6-21 所示。

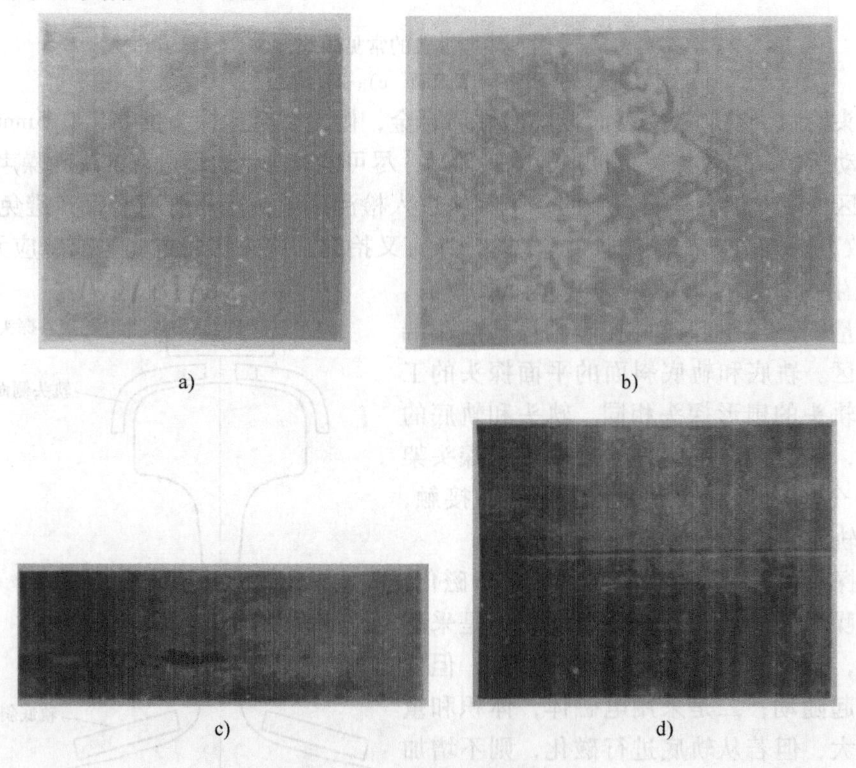

图 6-21　板材的常见缺陷

a）裂纹　b）结疤　c）表面夹杂　d）划痕

板材采用点式探头进行涡流检测时，让它垂直于被检板材平面作自转，再对板材进行横向扫查，当板材纵向前进时，就行成之字形的扫查线（见图 4-4）。当条件允许时，最好采用多通道检测方式，几个探头一字排列，n 的取值为

$$n = \frac{H}{KD} \tag{6-8}$$

式中　n——排列探头数目；

K——探头覆盖系数；

H——板材宽度，单位为mm；

D——探头旋转直径，单位为mm。

由式（6-8）可见，这是对板材表面的全覆盖扫查方式。探头不动，板材直线前进，其前进速度取决于涡流检测允许的速度和机构传动设备能力，显然是一套高速涡流检测设备。在灵敏度要求不是很高时，也可采用平式探头旋转检测，由于平式探头旋转直径大，可以显著地减少探头数目，并且同点式旋转探头一样，可以检出板材的纵向、横向缺陷，当板材较厚时，可采用两面同时检测，这种检测设备可以直接用在生产线上进行在线涡流检测。这种检测设备和钢轨涡流检测一样，当板材的前端进入探伤机后，探头才能落下进行探伤，当后端头到来时，探头也需提前抬起，故前后端头都有探伤盲区。传送辊道和夹送辊道也要仔细考虑，要求将板材平稳地送入、送出探伤机。

带材的涡流检测可以直接用在生产线上，此时采用的是一个具有线聚焦的刷状线圈。例如，对于宽76mm，厚0.25～0.76mm的铝带用这种刷状线圈进行涡流检测，带材的轧制速度为427～671m/min，为了加强渗透深度，激励频率选为5kHz。为了提高检测灵敏度，刷状线圈和被检带材之间的间隙为0.254mm。

在高速轧制过程中进行涡流检测，带材的振动和轧制速度的变动都有可能使噪声增加，应当采取适当的措施加以限制。也有在被检带材的正反面各安装一排点状线圈同时对带材的正反面进行检测的设备，如对宽60mm、厚0.5mm的热交换器焊接管用的钛带进行涡流检测，其一排点线圈中包括10个独立的检测线圈，用差动法连接起来进行探伤，探伤速度为60m/min。

3. 丝、线、绳材的涡流检测

丝、线、绳材的常见缺陷如图6-22所示。

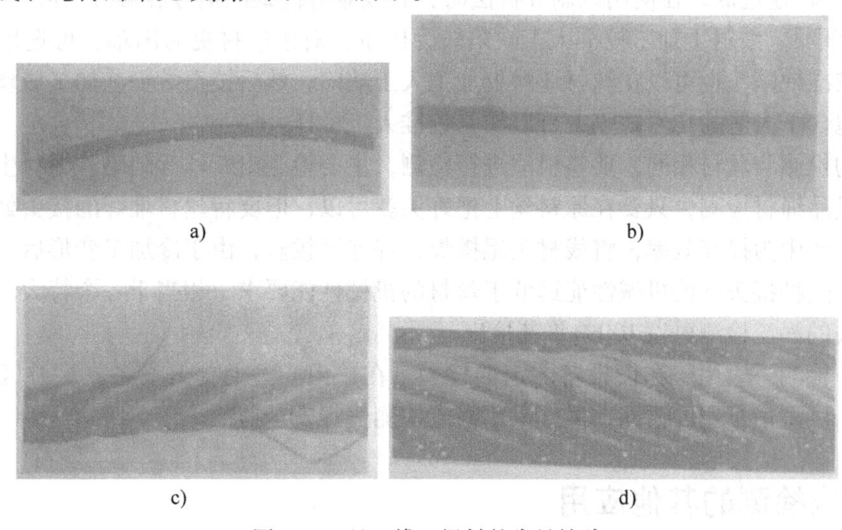

图6-22　丝、线、绳材的常见缺陷

a）起刺　b）分层（劈裂）　c）断丝　d）表面不合（折弯）

在金属丝材中，钨丝、钼丝、铌丝、锆丝等都要求被检测，由于它们的直径很小，在 $\phi0.025\sim1.0$mm 之间，因而用其他无损检测方法都难胜任，而涡流法在丝材检测中是非常有效的。金属丝材的涡流检测与管材有所不同，因为丝材是成筒生产的，一筒丝材很长，不能采用自动标记、自动报警等办法来处理，通常采用缺陷的统计数据来评价丝材上的缺陷数目以及每10m或每100m丝材上的缺陷总长度。丝材的质量（等级）是按缺陷的总长度来划分的。

金属丝材涡流检测选用的频率很高，如50MHz甚至800MHz。检测金属丝材用的导孔应由极硬的材料制成，这样才能保证在长期检测过程中导孔不会磨损，进而保证丝材在检测线圈中的同心度精度。在探测过程中，要求传动装置带有恒张力卷丝装置，以防在检测过程中拉断丝材。

金属线材涡流检测常采用穿过式探头，在要求较高的场合，直条的磨光线材也可采用旋转点式探头。

线材的直径一般为 $\phi8$mm 以下，产品分为直条料和盘圆料两种。经过矫直的直条料可以用穿过式探头检测，也可以用旋转点式探头检测；而盘圆料由于弯曲度较大，一般不予检测，如必须检测，可采用穿过式探头，并增加应对弯曲的措施。

钢直条线材穿过式探头涡流检测时，需要对工件进行磁饱和，磁场强度为119A/m。检测速度为20～40m/min，其设备形式与钢管穿过式涡流检测设备相同，但设备吨位要小很多，结构更简化。

盘圆线材涡流检测的检测设备直接装在拉伸机旁，采用穿过式探头，激励频率为100kHz。当对 $\phi1.6\sim10$mm 的铝合金盘圆线材进行检测时，检测速度为40～180m/min。

在丝材、线材的涡流检测中，应注意以下几点：

1）由于丝材、线材的拉伸速度很高，故一般在检测时应防止或减小丝材、线材跳动引起的噪声，增大穿过式探头的宽度是一种有效的办法。

2）对于小直径直条线材检测，如采用旋转点探头，则应该提高探头转速，如6000r/min。若探头转速过低，在使用调制分析法时，就较难分离缺陷信号和偏心引起的干扰信号。

3）在丝材、线材上加工校准人工缺陷较为困难，对于丝材更为困难。可选用自然缺陷作为参考校准缺陷，也可以在丝材坯料上加工人工缺陷，然后按正常工艺加工成丝材，这根丝材上就包含了人造的自然缺陷，可以作为校准人工标样。

绳材的检测与丝材相同，要整根地进行检测，主要检测出断丝等缺陷。绳材生产厂一般不需要对成品绳材检测，只要在原料丝上把好关就可以，但要将丝材堆焊的接头处找出，这是因为在生产中为提高效率，将线材头尾搭焊，好连续拔丝，由于冷加工变形后，焊点很难目测辨认。这种接头处的机械性能远低于丝材的机械性能要求，相当于一个特大缺陷，采用穿过式探头的涡流检测可以100%将其检出。

绳材的检测一般用于在役设备的定期检验。在矿山矿井的提升设备、旅游区的空中缆车、电梯、巨型吊车用的钢绳，最好采用涡流检测进行安全监控。

6.4 涡流检测的其他应用

本节简要介绍涡流检测在其他方面的应用。

1. 材质检验

某些金属及合金的电导率、磁导率和材料的许多工艺性能之间存在着密切的关系。而在涡流检测中，试件的电导率和磁导率又是影响检测线圈阻抗的重要因素，因此，可以通过对不同试件电导率和磁导率变化的测定，来评价某些试件的材质或工艺性能。

（1）非磁性材料的材质检验　对于非磁性材料来说，相对磁导率近似为 1，磁导率可以看做是不变的，所以，非磁性金属材料检测一般是通过对电导率的测定进行的。利用涡流检测测量金属材料的电导率，不需要探头，并且检测简单易行，很适合对导电材料或零件的某些性质作快速地无损的检测。

1）金属成分及杂质含量的鉴别。金属的纯度与电导率有密切的关系，当金属融入少量杂质时，电导率会急剧下降。从图 6-23 中可以看出，在铜中融入少量的锌、铅、铝、锰、砷、硅、铁、磷等不同杂质时，电导率有显著变化。因此，在铜的生产中，可以通过电导率的测定来定性了解杂质的含量。从液态熔融物中提取试样到完成电导率测量只需要很短的时间，充分体现了涡流检测简单、方便、效率高的优越性。

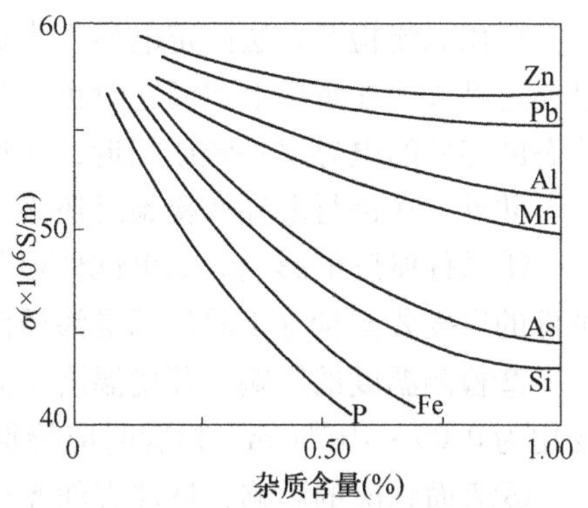

图 6-23　铜杂质含量与电导率的关系

2）热处理状态、硬度的鉴别。相同材料的试件由于热处理状态的不同，硬度就可能不同，电导率也表现出一定的差异，某些规律性的联系确定之后，便可以用电导率测量值来间接评定材料热处理的状态或硬度。例如，在成批生产硬铝合金零件时，经常发现部分零件存在热处理质量问题（如欠火或过烧），可以通过无损检测的方法得出零件组织状态的结论，以便从批量生产零件中剔除不合格的产品。事先找到硬铝合金已知热处理状态与电导率之间的对应关系，运用涡流检测法测定电导率，间接评定同一批合金的性能或状态，分选出质量合格的产品。

涡流检测也可以用来评价某些材料的强度。例如，钛合金的电导率和强度之间也存在着对应的关系，可以利用涡流电导仪测定钛合金的电导率，从而评价它的强度。钛合金零件在高温下长期暴露，机械强度逐步降低，对使用该材料的飞机进行定期涡流检测已成为保证飞行安全的重要手段。

利用涡流检测来鉴别金属材料的热处理状态、硬度或其他性能具有非破坏性和现场适用性。例如，使用硬度计来测定材料硬度时，每个测件的被测部位必须经过铣平和磨光，测量后还要在被测件上留下压痕。这对于许多精密零件来说，显然是不允许的。而涡流检测分选材料的硬度恰好有不损坏零件的优点，因而可以对零件进行 100% 的检查。同时，机械式硬度计无法直接在装配好的零件部位上使用，而有些经常需要检测的零部件要从设备上拆卸下来很麻烦，这时可以利用涡流检测来解决这类问题，用涡流探头直接在该零部件的某些外露部位上进行测量。

3）混料分选。在材料和零部件的生产和存放中难免会发生混料事故。其中包括不同牌号、相同外形的材料或零件的混料，还包括同一牌号、不同加工工序、不同热处理状态、不同硬度材料或零件的混料。低牌号的材料或零件混入高牌号材料或零件当中，当用于重要用途时，就存在着导致重大事故产生的危险。如果混杂的各种材料或零件的电导率是有很大差别的，就可以利用涡流检测挑出异常电导率的材料和零件，将混料区分开。挑出的混料还可以通过光谱、化学分析等手段进一步定性、定量，再查找更进一层的原因。实际上，混料分选也就是通过电导率测量来鉴别合金成分、热处理状态及硬度等性质的一种具体应用。

涡流电导仪虽然是进行非磁性材料电导率测量和间接作材质试验的专用仪器，但是，如同涡流电导仪也可以用于探伤一样，涡流探伤仪有时也可用于材质试验，而且还可以作钢材和奥氏体不锈钢零件的混料分选试验。只不过在使用时为了使混料能明确地区分开，一定要注意工作频率是否适当以及被分选材料是否存在足够的电导率和磁导率差异。

应用涡流检测方法测定电导率为材料的品质管理、质量检验提供了一个有效的方法。但是，这种方法在解决上述问题时也有局限性，如在分选混料时，如果两种材料或不同热处理状态的零件的电导率一致或相近，涡流检测便无能为力了。

此外，在进行电导率检验时还必须注意如下问题：

①试件厚度的影响。如果试件很薄，等于或小于涡流渗透深度，测量误差就很大。所以试件的厚度要至少等于涡流标准渗透深度的3倍。

②检测温度的影响。环境温度不同会影响材料的电导率，大约每变化1℃时，电导率的变化为0.05×10^{-6}s/m，检验时应特别注意。

③表面状况的影响，试件表面光洁度、曲率、涂层或渗层以及缺陷等都对检测结果有影响，检测时应尽可能排除这些干扰。

（2）磁性材料的材质检测　磁性材料的涡流检测一般是利用磁特性进行检验的，因为磁性材料的相对磁导率都比较大，磁效应比电导率要大得多。

图6-24是铁磁材料无缝钢管在线钢种涡流分选设备组合框图。

无缝钢管在交变磁场中磁化会产生磁滞现象，由于磁滞回线是非线性的，初始相位会产生延迟，且产生畸变波形，即相位、幅度都发生变化。根据频谱分析原理，磁感应强度B除包括与激励磁场H同频率的基波成分$A_1\sin(\omega t+\varphi_1)$外，还含有三次及五次谐波$A_3\sin(\omega t+\varphi_3)$和$A_5\sin(\omega t+\varphi_5)$。根据电磁感应定律，测量线圈上相应产生的感应电动势也同样包含有基波分量和高次谐波分量。基波和谐波在一定范围内与某些性能有单值关系，只要用仪器把基波和谐波的相位检测出来，也就是检测涡流阻抗的二维平面，就能快速无损地区分不同钢种。钢管的涡流密度分布具有趋肤效应，激励频率越低，涡流渗透深度越深，越能反映出材料内部的性质，所以无缝钢管钢种分选采用较低的激励频率。

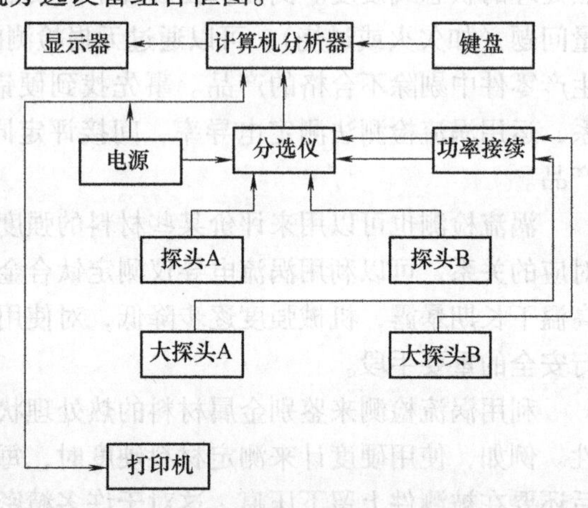

图6-24　钢种涡流分选设备组合框图

2. 厚度测量

通过涡流检测进行厚度测量主要有两个方面的应用：金属机体上膜层厚度的测量和金属薄板厚度的测量。

（1）膜层厚度的测量　膜层也称覆盖层，包括金属基体上的各种涂层、镀层和渗层等。

常见的膜层和基体材料之间的组合有以下几种：

1）非磁性金属基体上的绝缘层材料膜层，如铝件上的阳极化膜，非磁性金属上的油漆层等。

2）非磁性金属基体上的非磁性金属膜层，如非磁性金属上的镀铬、镀锌层，奥氏体不锈钢上的氮化层等。

3）铁磁性金属基体上的绝缘材料或导电材料膜层，如钢材上的油漆层、镀镍、镀铬层，这里也可包括渗碳层、淬硬层等。

膜层厚度的测量一般为几毫米数量级。

非磁性金属上的绝缘材料膜层厚度测量的工作原理是涡流检测中提离效应。涡流检测厚度时，对线圈阻抗产生影响的因素主要有电导率、试件厚度方向的几何尺寸和提离效应等。其中，提离效应是需要检测的变量，而电导率变化和试件厚度太薄都会影响检测结果的精度。通常，为了抑制这两种干扰，适应各种基体金属电导率的变化和较薄试件膜层厚度的测量，涡流测厚仪都采用较高的工作频率。涡流测厚仪可以广泛应用于各种非磁性金属基体表面各种绝缘膜层厚度的测量。为了达到一定质量指标，铝合金阳极化层、高温合金的珐琅层以及装置保护用的色漆层膜层厚度都要控制。用于静电复印的硒干板是由铝基板和硒层组成的，硒层的厚度和均匀性是影响静电复印质量的关键。为了严格控制硒层的厚度，可以产生过程中使用涡流测厚仪检测铝板上各点硒层的厚度，为随时改进生产工艺、提高产品质量提供参考依据。

涡流测厚仪也可以用于非导电材料的厚度测量。如图6-25所示的叶片，只要在叶片内腔充满当做基体金属作用的铝粉，将涡流测厚仪的探头放置在叶片的不同点上进行测量，获得涡流测厚仪电表的指示，然后在厚度已知的楔形试件上测得同值点，该厚度值即叶片上该点的厚度值。测量过程简单、迅速，测量厚度可达5mm。

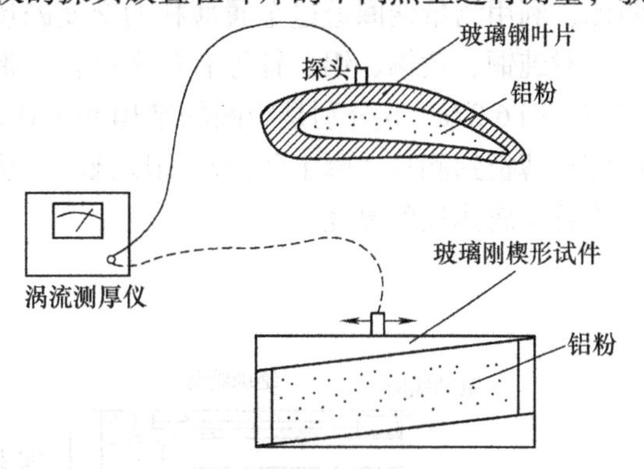

图6-25　涡流检测玻璃钢叶片厚度示意图

非磁性金属基体上的非磁性金属膜层厚度测量的原理与非磁性金属基体上的绝缘材料膜层基本相同，只是以导电的膜层代替了绝缘膜层，只有在基体和膜层之间的电导率相差较大时，涡流测量膜厚才有可能。

磁性金属基体上膜层厚度的测量，通常都是采用检测磁效应的方法，因为在这种情况下，磁效应远比其他效应影响大。

当磁性金属表面覆盖有非磁性金属或绝缘膜层时，如钢件的镀铬层或油漆层，进行这类膜层厚度的测量，可以从电磁耦合效率角度来理解工作原理。当检测线圈的激励磁场一定时，线圈里磁性基体的距离越近，耦合效率越高，反之越低。也可以认为，线圈中通过激励电流使检测线圈和磁性基体之间建立了磁通路，由于线圈和磁性基体之间间隙的变化（即非磁性膜层厚度的影响）会改变磁路的磁阻，并引起磁路中磁通量的变化，因此只要通过检测线圈上的感应电压，即对应于磁路中磁通量的变化，得出感应电压与膜层厚度的定量关系曲线，再将其标记在指标仪表的表盘上便可以直接从指示仪表上读出膜层的厚度。

采用这种方法测量磁性材料表面膜层厚度时，实验频率一般比较低。频率太高对试件表面状态影响较大，当膜层是非磁性导电覆盖层时，对膜层中涡流也会产生较大的影响；但是实验频率也不能过低，否则线圈得不到较高的感应电压，检测灵敏度也达不到要求。一般工作频率选为200Hz左右。

图6-26所示为测量渗层厚度仪器的框图，检测线圈作为电桥的两臂，即 Z_1 和 Z_2 接入电路。在线圈 Z_1 中放置渗层厚度为零的试件，在线圈 Z_2 中放置待测试件，采用电桥法测量检测线圈阻抗的变化，根据电桥的输出与渗透厚度的对应关系对渗层厚度进行鉴别。这实际是一种标准比较式检测方法。这种方法也适用于磁性基体上磁性膜层厚度的测量。但是，这种方法也要求膜层与基体之间的磁性差异越大越好，否则将无法进行测量。

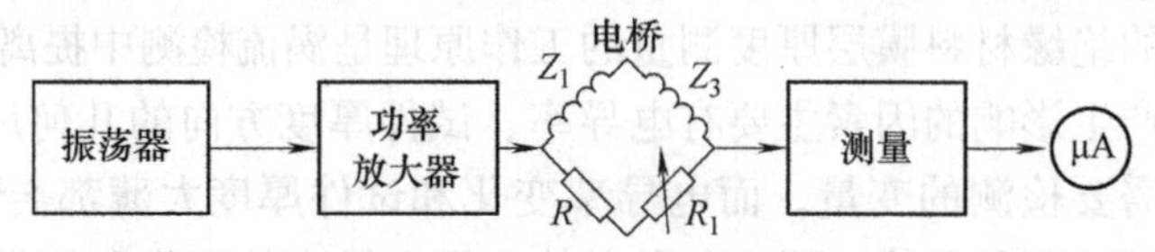

图6-26　测量渗层厚度仪器框图

（2）金属薄板及箔板厚度的测量　金属薄板及箔材厚度测量也是涡流检测的一项重要应用。不少无损检测方法不适用于厚度很薄的薄板测量，利用涡流检测方法测量金属薄板的厚度，不仅设备简单、检测速度快、使用方便、没有污染，而且板材越薄，测量精度越高。

检测线圈的工作方式按接收信号的形式不同可以分为反射法和透射法两种。利用涡流检测方法测量金属薄板厚度时，检测线圈既可以采用反射法工作，使激励线圈产生的交变磁场被同一侧的测量线圈接收，也能够采用透射法工作，将激励线圈和测量线圈分别放在薄板的两侧，利用测量线圈透过金属薄板的交变磁场来测定薄板的厚度。

对纯铜、黄铜、铝、锌等有色金属板、带材进行测量时，可以在生产线上采用投射方式工作。图6-27a、b分别是线圈的结构和工作示意图。在测量时，薄板中的感生涡流损耗会使穿过薄板到测量线圈上的磁场强度减弱，从而可以依据测量线圈上测得的感应电压的大小来推算金属薄板的厚度。

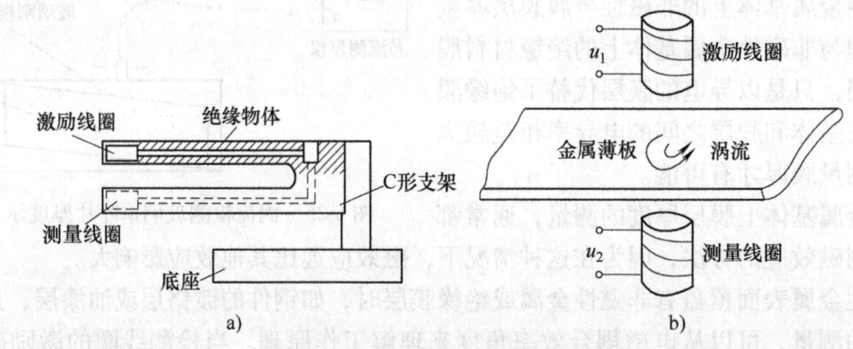

图6-27　CH-6型测厚仪检测线圈

涡流检测是一种多功能的无损检测方法，它的应用是多方面的。例如，涡流检测还可以用来测量金属材料转动轴的径向振动和轴向微小位移量，也可以用来测量金属之间的距离（如核反应堆中套管之间距离的测量），以及管、棒材直径或椭圆度等。在使用涡流检测方法时，只要充分利用这种方法的优点，利用其他无损检测方法来弥补这种方法的缺点，扬长避短，便能收到良好的效果。

3. 涡流检测在设备维护中的应用

在航空或航天飞行器上，由于某些连接结构和功能构件所处的环境比较恶劣，负荷较大，有些还是长时间在高温、高压、高转速的状态下工作，因而构建材料极易产生缺陷，其中以承受变应力产生的疲劳裂纹最为多见。这种缺陷开始出现时是很微小的，并且多数是在材料的表面，然后才逐渐扩展变大的。对于这种缺陷，采用磁粉检测、渗透检测和涡流检测都是有效的。但由于涡流检测不仅方便，还可以在飞行器未经拆卸的现场对许多盲孔区和螺纹槽底进行检查，还能发现金属蒙皮下结构部件的裂纹，因而航空、航天维修部门对这种检测方法十分重视。

对于飞机，涡流检测可用于检查机翼大梁、衍条与机身框架连接的紧固孔（如螺栓孔和铆钉孔）周围产生的疲劳裂纹，发动机叶片、起落架、旋翼、轮翼等的疲劳裂纹，以及蒙皮的腐蚀变薄等。图 6-28 是发动机蜗轮叶片上的常见缺陷的示意图。飞机的轮毂由镁合金制成，它的表面涂有环氧漆，这种漆很难清除干净，并且很可能在机械清除过程中刮伤金属，造成危险的疲劳源，而涡流检测可以不破坏漆层。

飞机维修使用的涡流检测仪器是小型便携式的，可以随时方便地移动。检测线圈几乎都是探头式（点式）线圈，而且为了适应不同场合和部件，线圈的形状需要根据要求灵活地选取。图 6-29 所示是几种常用探头结构示意图。这种检测线圈的通用性比较差，往往某项特定的检测任务需要制作专用探头，探头的研制工作是非常重要的。

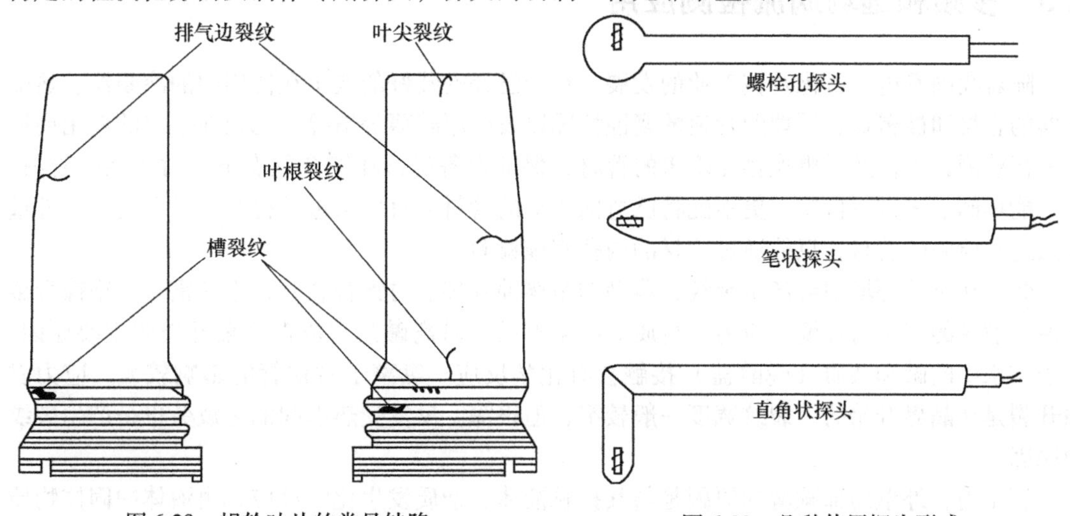

图 6-28　蜗轮叶片的常见缺陷　　　　图 6-29　几种使用探头形式

在其他方面，涡流检测还可用于球体、滚柱和销钉等零件的检测和材料分选。例如，为了保证轴承滚动体的质量，采用涡流法不仅能有效地检测其表面裂纹，而且可以实现自动检测、自动分选，速度快、效益高。

另外，利用涡流检测技术可以进行疲劳裂纹的实验研究，监测试件疲劳裂纹的产生和扩展，图 6-30 所示为疲劳裂纹检测示意图。疲劳试棒的一端固定在旋转头上，另一端挂有重物，旋转头带动试棒作高速旋转，涡流探头放置于容易产生疲劳裂纹的试棒细颈处作旋转扫描。一旦试棒上产生可检出的疲劳裂纹，探头检出的裂纹信号便送入涡流检测仪，在显示器上可观测裂纹深度，从而评定裂纹随时间的扩展速率。

涡流检测技术还可以用于对运行中容易产生疲劳裂纹的零部件进行监测。图 6-31 所示为利用涡流检测方法对直升飞机蜗轮盘疲劳裂纹进行监测的示意图。在容易产生疲劳裂纹蜗轮盘叶根附近放置涡流探头，只要蜗轮盘叶根部分出现可检出的疲劳裂纹，涡流检测仪器便能显示信号。

矿井使用的提升钢缆和电梯钢缆等都可以使用涡流检测技术进行安全监控。

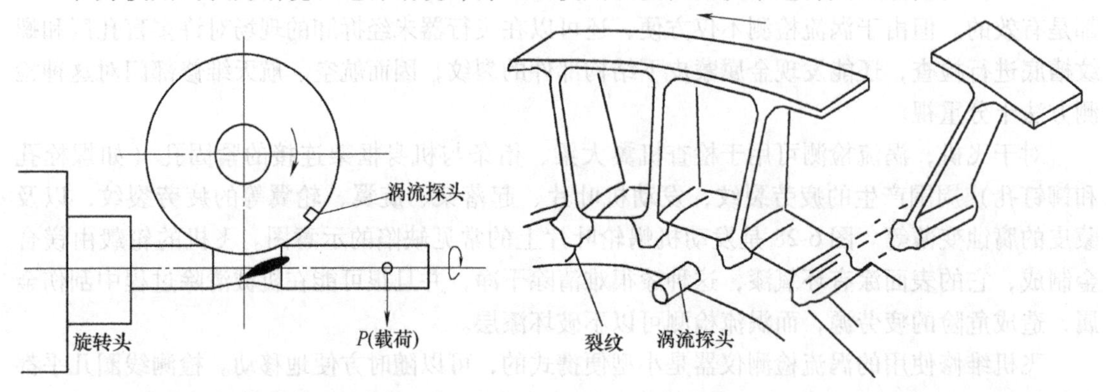

图 6-30　疲劳裂纹检测示意图　　图 6-31　监测直升飞机蜗轮盘疲劳裂纹示意图

6.5　多频和远场涡流检测应用

随着我国发电、石化及核工业的发展，对于已经安装好的或正在使用中的冷凝器、热交换器的管材和被覆盖、深埋的管道的腐蚀情况以及壁厚减薄等情况，均须在一定的使用周期内进行检测，以便及时更换存在隐患的管材，保证设备运行在安全状态下。对于在役管材，既不能拆卸下来进行检验，更不能将已弯曲成形的管材弄直后再进行检验。对于这些在外壁无法进行检验的管材，只能通过管材的内孔实施检验。

管材在腐蚀环境中会产生裂纹，典型的是腐蚀开裂。对铜合金管、不锈钢管、铬镍合金来说，裂纹的产生与环境、应力、材质等因素有关。游离碱是造成铜合金开裂的主要原因，管子与水中的碱和杂质（磷酸盐）接触会有化学反应。氯离子对钢管的影响较大，应力腐蚀开裂是从晶界开始的，裂纹宽度一般较窄，但很深。反复受热引起的热疲劳也是产生裂纹的原因。

管子内、外壁局部减薄的原因是与其接触液体、杂质发生化学反应，由液体中固体物质的撞击、振动产生磨损氧化。这种腐蚀化学反应与材料、溶液成分有关。凡在针孔范围内的腐蚀称为孔蚀。奥氏体不锈钢在海水中长期使用，引起的腐蚀即为孔蚀。腐蚀导致管壁减薄或蚀穿，管内的液体会外流；管材的机械强度也会大大降低，导致其他事故的发生。所以工业用锅炉、冷凝器、反应塔、深埋地下的管线等的在役检查非常重要，若发现减薄到某一规定值，或带有其他缺陷，就应更换新的管材，以保证上述设备的使用安全。

多频涡流和远场涡流检测实质上是利用内插式涡流检测线圈，使用低频技术对在役管材进行检测的。

1. 多频涡流检测应用

多频涡流检测是对同一检测线圈施加两个或两个以上的交变激励电流，并分别进行检波、放大，然后一起送入混合处理单元进行适量相加减。多频涡流检测用于刚管检测，可以较好地兼顾钢管内、外壁缺陷的检测灵敏度，还可有效地抑制检测中工件和探头之间的抖晃、摆动和偏心。

多频涡流检测设备是介于涡流自动检测设备和涡流手动检测设备之间的一种设备，可称为半机械化设备。

多频涡流检测管材内壁的操作，是在检测之前用手动的方法将探头送入被检管材的最“深”处；或用气流喷射的方法，在130m/min左右的速度下，压缩空气将探头“吹”入管材“深”处。在送探头的时候不给予探伤，在探伤的回程中，用记录器或储存器将被探钢管的情况记录下来，留待存档或后期处理，探头返回的速度可达43m/min左右。探头较轻，在不用定心器时，探头基本上处于管材内径中央，当然也可加装定心器。

在大亚湾核电站冷凝器管道检测中，要求检测出钛管可能存在的缺陷及壁厚腐蚀减薄情况，检测过程中需要抑制在役管道的支撑板、管材材质不均匀、形变以及探头晃动等造成的干扰。使用EEC-39四频涡流检测仪器设置四个频率：f_1 = 400kHz，f_2 = 200kHz，f_3 = 100kHz，f_4 = 20kHz，并设置八个检测通道，两组检测线圈，同时检测出每个激励频率在差动、绝对式探头中的反应信号。

在从C信号集向Q信号集的转换处理过程中，工作方式设置如下：

1）用f_1，f_2，f_3（差动）混合处理，抑制支撑板与探头晃动干扰，获取管材裂纹、腐蚀凹坑等缺陷信息。

2）用f_2，f_3，f_4（绝对）混合处理，抑制材质不均匀及支撑板的干扰信号，获取管材壁厚腐蚀减薄的信息。

多频涡流能实现多参数检测，并根据具体检测任务最终给出一个简单明确的结果（即检测对象状况的判定）。多频涡流检测仪器之所以能够完成这一相当复杂的处理，完全得益于计算机技术的应用。智能化的多频涡流检测仪器已经能够抑制掉缺陷干扰信号，也可根据信号的幅度和相位对应缺陷的体积、深度标定曲线，直接给出工件缺陷的估算值，如图6-32所示。

凝汽器冷凝管使用一段时间后，管壁受到腐蚀而变薄，采用多频涡流检测方法进行厚壁腐蚀减薄测量，可以较为准确地推算出设备的腐蚀速率，估计设备寿命，对腐蚀严重的管材应及时更换。当涡流检测频率小于标准渗透深度频率的2～3倍时，涡流场的渗透深度远大于管壁厚度t，因而被腐蚀掉的均匀壁厚Δt区间内，涡流的幅值衰减可视为线性，而相位变化$\Delta\theta$近似为零，可认为不变。在该频率附近，管壁厚度变化只引起阻抗幅值的变化，由于频率足够低，因此对内、外壁厚度的变化大体上具有相同的灵敏度（指薄壁管材）度。

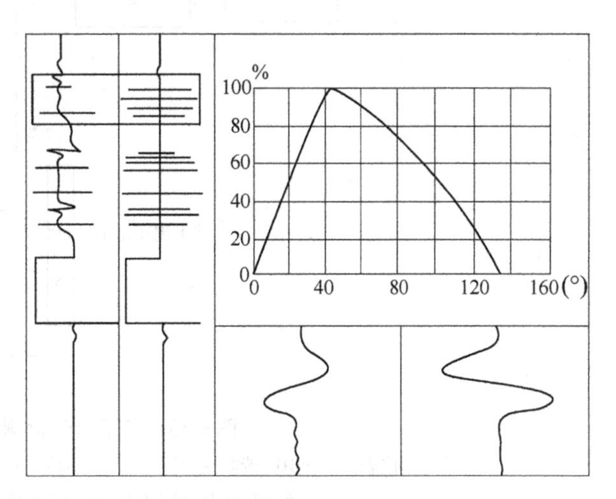

图6-32　相位/缺陷深度标定曲线

国内已研制出多频涡流测厚系统软

件，可对所有在役管材作数据分析，绘制出壁厚的管板分布图。多频涡流检测仪器配上软件后，可自动进行壁厚的数据采集，直接读出管壁厚度值。

2. 远场涡流检测应用

远场涡流检测用于检测深埋在地下的管材，与普通涡流检测方法有一定区别。它的最大优点是可以从管内对大口径、厚壁的管材进行检测，并且不受提离效应、电导率不均、磁导率不均和管材壁厚的影响，内、外壁检测灵敏度一致。

这项技术的最早应用是在20世纪50年代末，用来检测油井直径为ϕ178～203mm、壁厚为9.5～12.7mm的套管。在这之前，还没有一项无损检测方法能对在役地下油井用管外壁的腐蚀情况进行检测。

到目前为止，经过多年的研究实验及现场检验的时间，可以制作出检测速度大于0.6m/s、漏磁检测技术相比。国内也已经制造出采用计算机技术、低噪声放大器、可以放大100倍以上的相位放大器的智能数字化远场涡流检测仪器、探头等。

图6-33是油井套管监测系统的组成框图，激励源发出60Hz的激励振荡信号通过同轴电缆送到井下的激励线圈。当检测线圈在原厂区接收到信号后，经同在井下的高位放大器放大后，送到载波器去调制3kHz的载波信号，被调制的载波信号通过同轴电缆传回地面。在地面上，这个载波信号被有选择地从电缆信号中滤波，并对滤波信号进行解调，然后把已经解调的检测信号与原来的激励信号在相位上进行比较，通过检测信号和激励信号在相位上的变化来反映套管质量状况。这些工作由相位表60Hz谐振放大器、调制器以及载波滤波器和放大器共同完成。图6-34是对一段带有腐蚀凹坑套管的检测记录，图中套环的信号是每根套管间进行连接用的接手所产生的信号。对于更厚的管材，激励频率可以降低到18～40Hz之间。在检测中，油井中的流体，无论是石油、盐水还是天然气，都不影响检测效果。

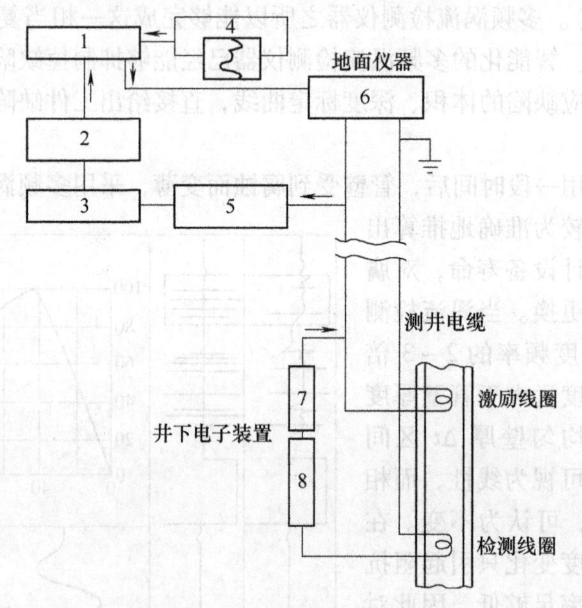

图6-33　井下套管检测工具柜图

1—相位表　2—60Hz谐振放大器　3—调制器　4—记录仪　5—载波滤波器和放大器　6—激励源（60Hz）　7—载波器　8—高位放大器

图 6-35 所示为油井用远场涡流检测仪器，它由支杆、定心弹簧、探头、放冲挡以及装在内部的电子装置组成。

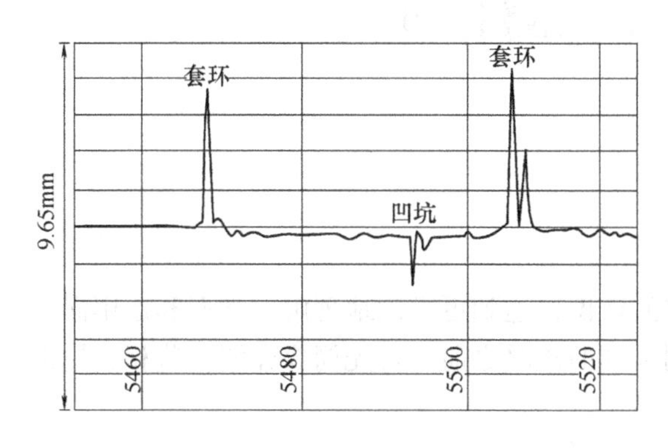

图 6-34　井下套管检测波形图

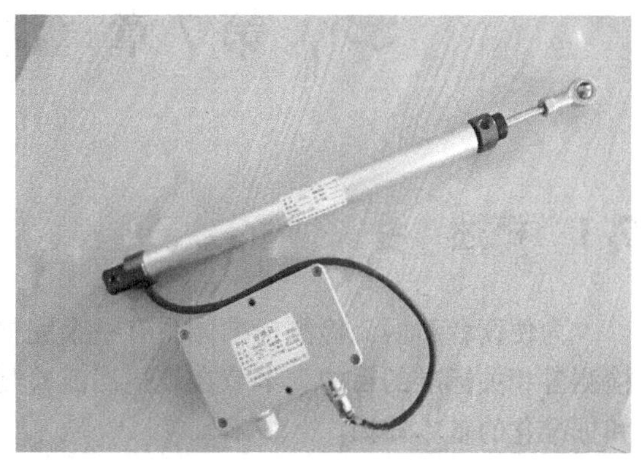

图 6-35　远场涡流检测仪器

远场涡流检测还可以用于镶嵌在设备和建筑物内的管材、埋于地下的其他流体管道、不能从外壁实施检测的管材以及难于用其他无损检测方法进行检测的厚壁管材的检测。

第 7 章　涡流检测标准

7.1　概述

为使读者对涡流检测标准体系有一个完整的认识，达到更准确地理解、掌握和运用涡流检测各相关标准的目的，本节在叙述涡流检测标准的概况之前，首先简要介绍一些相关标准和标准化的基本知识。

1. 标准的基本知识

国家标准 GB/T 20000.1—2002《标准化工作指南　第 1 部分：标准化和相关活动的通用词汇》给出的关于“标准”一词定义为：为了在一定的范围内获得最佳秩序，经协商一致制定并由公认机构批准，共同使用的和重复使用的一种规范性文件。由“标准”的定义可以看到标准具有以下几方面的性质：

1）目的性——获得最佳秩序，并以最佳的秩序促进使用标准的各方达到最佳的共同效益。一方面，标准是对先进技术或工艺通过文件形式加以固化，以利重复和规范执行的文件，先进制造技术和生产工艺的采用必然带来技术进步和经济效益；另一方面，标准作为通过文字固化形成的规范性文件，保证了使用各方的操作或执行具有可比性和可重复性，易于达到相互之间的认可和接受，从而减少和避免产生经济或贸易纠纷。

2）层次性——根据标准制定（即标准化）所涉及的地理、政治或经济区域的范围不同表现出的标准层次的差异。例如，按照地理区域范围大小不同，标准可分为全球性的国际标准化组织标准（International Standardization Organization，ISO）标准、区域性标准（如欧洲共同体标准）、国家标准、部门标准、企业标准等。

3）权威性——标准不同于一般的技术文献，其权威性体现为标准是由不同国家、组织或部门在该技术领域的专家编写起草，经多方充分协商讨论确定，最后经专门机构批准。

4）时效性——不论是新制定的标准，还是修订标准，都在标准的封面上给出标准的发布与实施日期。实施日期一般要比发布日期晚 3 ~ 6 个月。

5）强制性与推荐性——强制性标准具有法律属性，是在一定范围内通过法律、行政法规等强制手段加以实施的标准。强制性标准一般包括以下几个方面：

①全国必须统一的基础标准，如 GB 15093—2008《国徽》、GB 12982—2004《国旗》及 GB 11643—1999《公民身份号码》等。

②对国计民生有重大影响的产品标准，如 GB 16999—1997E《人民币伪钞鉴定仪》。

③通用的试验方法和检测方法标准，如国家有关的计量检定规程等。

④有关人身健康和生命安全方法的标准，如 GB 18671—2009《一次性使用静脉输液针》、GB 14934—1994《食（饮）具消毒卫生标准》及 GB 6722—2003《爆破安全规程》等。

⑤环境保护方面的标准，如 GB 9660—1998《机场周围飞机噪声环境标准》及 GB

18285—2005《点燃式发动机汽车排气污染物排放限值及测量方法（双怠速法及简易工况法)》等。

强制性标准一经颁布，必须贯彻执行。否则，对造成恶劣后果和重大损失的单位或个人，要受到经济制裁或承担法律上的责任。

推荐性标准又称自愿性标准，或非强制性标准，是指生产、交换、使用等方面，通过经济手段或市场调节而自愿采用的标准。对于这类 标准，任何单位有权决定是否采用，违反这方面的标准，不构成经济或法律方面的责任。但一经接受并采用，或各方商定统一纳入商品、经济合同之中，就成为共同遵守的技术依据，具有法律上的约束性，彼此必须严格贯彻执行。与强制标准相比，推荐性标准涉及的标准的可能应用方不具有强制性的法律效力，也就是说，标准的可能应用者具有不选择和执行推荐性标准的权利。如果标准的应用方未选用推荐性的国家标准，在从事与该标准涉及内容一致的产品制造或性能实验时，不受推荐标准相关条文规定的约束；但当标准的应用方确定选择了某项推荐性的国家标准，则推荐性标准相关条款的要求就成为标准应用方必须遵守的规定。

从鼓励科技进步与技术创新以及有利于消除贸易壁垒与促进技术上的双边或多边合作两个方面出发，近年来国际和我国标准的主管部门一直在倡导和推行“严格控制强制性标准，积极采用推荐性标准”的政策。

2. 国内外标准的代号

随着我国改革开放的不断扩大与深入，国内企、事业单位对外合作、交流增多，对国内外相关部门、世界主要国家及其组织等的标准代号有一个基本的了解是非常必要的。表7-1列出了部分国际组织与国外标准代号的相关信息。

表7-1　部分国际组织与国外标准代号制定机构及其英文名称

序　号	代　号	制定机构	制定机构的英文名称
1	ISO	国际标准化组织	International Standardization Organization
2	IEC	国际电工委员会	International Electrotechnical Commission
3	IAEA	国际原子能机构	International Atomic Energy Agency
4	ICS	国际造船联合会	International Committee of Shipping
5	ANSI	美国国家标准学会	American National Standards Institute
6	ASTM	美国材料与试验协会	American Society for Testing and Materials
7	ASME	美国机械工程学会	American Society of Mechanical Engineers
8	MIL	美国军用标准	American Military Standards
9	BS	英国标准学会	British Standards Institute
10	LR	英国劳氏船级社	Lloyd's Register of Standardization
11	CEN	欧洲标准化委员会	European Committee for Standardization
12	DIN	联邦德国标准化学会	Dutsches Institute für Normung
13	JIS	日本工业标准调查会	Japanese Industrial Standards Committee
14	NF	法国标准化协会	Association Fran,caise de Normalisation
15	ГОСТ	俄罗斯国家标准	The State Standard Committed of Russian

在我国，国家标准、国家军用标准和行业标准的代号都是以标准所属层次的关键词第一个字的声母来表示的，例如，国家标准用“GB”表示，国家军用标准用“GJB”表示，“JB”表示机械工业标准，“HB”表示航空工业标准，“QJ”表示原七机部标准（即航天工业标准），企业用标准用“Q/××”代号表示。

3. 涡流检测标准概况

我国涡流检测的标准较少。1985 年，由鞍山钢铁公司和北京有色金属研究总院设备厂、601 室共同研制成功并在国内首次用于无缝钢管涡流自动检测设备以后，全国陆续上马了几百套无缝钢管和直焊缝钢管的涡流检测设备。钢管涡流检测的标准是国内涡流检测类标准中应用最多、最广泛的一个。

涡流检测以其独有的技术特点和适应能力在世界各国得到了越来越广泛的应用，同其他技术方法一样，涡流检测技术在各工业领域的应用也是通过检测方法标准的制定与执行得到贯彻实施的。

7.2 国内主要涡流检测标准

在国内，就涡流检测技术应用单独制定的国家标准共有 13 个，内容涉及管、棒材探伤、覆盖层厚度测量、电导率测量以及涡流检测系统性能测试等，已构成较为系统的涡流检测标准体系。

涡流检测技术在国内各工业部门得到较广泛的推广应用还是比较晚的，这一点可以从最早的几个涡流检测国家标准的制定时间得到证实。第一批涡流检测方面的国家标准是在 1985 年颁布实施的，它们是 GB/T 4956—1985《磁性金属基体金属上非磁性覆盖层厚度测量磁性方法》、GB/T 4957—1985《非磁性金属基体上非导电覆盖层厚度测量涡流方法》、GB/T 5126—1985《铝及铝合金冷拉薄壁管材涡流探伤方法》、GB/T 5248—1985《铜及铜合金无缝管涡流探伤方法》。1987～1991 年，先后有 7 个涡流检测的国家标准颁布实施，它们分别是 GB/T 7735—1997《钢管涡流探伤方法》、GB 11260—1989《冷拉圆钢穿过式涡流检验方法》、GB/T 11374—1989《热喷涂涂层厚度的无损测量方法》、GB/T 12307. 1—1990《金属覆盖层　银和银合金电镀层试验方法　第一部分：镀层厚度的测定》、GB/T 12604. 6—1990《无损检测术语　涡流检测》、GB/T 12966—1991《铝合金电导率涡流测试方法》、GB/T 12968—1990《纯金属电阻率与剩余电阻比涡流衰减测量方法》和 GB/T 12969. 2—1991《钛及钛合金管材涡流检验方法》。从 1991 年至今，新制定了两个有关涡流检测方面的标准，即 GB/T 14480—1993《涡流探伤系统性能测试方法》和 GB/T 17990—1999《圆钢点式（线圈）涡流探伤检验方法》。除此之外，还对过去制定的 5 个标准进行了修订，具体情况是：GB/T 4956—1985 标准被 GB/T 4956—2003 版代替，GB/T 4957—1985 标准被 GB/T 4957—2003 版所代替，GB/T 5126—1985 标准被 GB/T 5126—2001 版所代替，GB/T 5248—1985 标准被 GB/T 5248—2008 版所代替，GB/T 7735 标准分别于 1995 年和 2002 年进行了两次修订，现行有效版本为 GB/T 7735—2004。

（1）GJB 2908—1997《涡流检验方法》　该标准是唯一的一个关于涡流检测方法的国家军用标准，规定了金属材料及零部件表面和近表面缺陷涡流检测的一般要求、仪器设备、试验参数选择及检验步骤等方面的详细要求，适用于金属零部件及一定尺寸范围的管、棒、丝材表面和近表面缺陷的检验。标准的主题内容与适用范围确定了该标准是一个关于金属材料及零件涡流探伤的方法标准，不涉及电导率检验和覆盖层厚度测量等涡流检测技术。

在“一般要求”中，针对可能影响涡流检验结果的人员资格、环境条件以及电源稳定性等因素提出了基本要求。关于涡流检测人员资格的规定包含两个方面的含义，简要概括起来就是：一要取证，二不要越位。

环境条件中关于“检验场地附近不应有影响仪器正常工作的磁场、振动、腐蚀性气体及其他干扰”的要求较为重要。这主要是因为涡流检测是一项基于电磁感应原理的技术方法，检测场地周围环境若存在强电场，会对检测线圈和仪器带来直接影响，从而干扰检测的正常进行，并且这类干扰在实际生产中也比较容易发生，如焊接设备的使用和龙门吊车的开起等。明显的振动可能导致管、棒、线材涡流自动探伤系统的传送装置发生抖动，从而影响线圈与试件的稳定耦合。

GJB 2908—1997《涡流检测方法》标准与其他有关涡流检测的国家标准和国外标准相比，最大的不同之处在于该标准不像其他标准那样仅针对某一类材料和某一种形式产品而制定，如 GB/T 7735—2004 和 ASTME 1606—2009 标准分别针对钢管和铜棒。GJB 2908—1997 标准适用范围很广，从材料方面讲，覆盖了钢、铜合金、铝合金和钛合金等多种材料；从产品形式上讲，不仅包括规则外形的管、棒、线材，还包括形状各异的零部件。基于该标准的这一特征在其第 5 章中对于仪器设备和检测线圈的要求与选择、对比试样的制作与选择、试验条件的调整等方面的规定就显得更原则性，关于检测原理方面的叙述更多一些，而针对具体产品或零件实施涡流探伤工作的指导性相对差一些。

1）仪器设备和检测线圈的要求与选择。标准 5.2 条关于“仪器设备”提出以下要求：“涡流检测仪器设备一般包括探伤仪、检测线圈、机械传动装置、记录装置和磁化装置”。该项规定应该说是针对铁磁性管、棒、线材的自动探伤提出的，对于铝合金、铜合金以及钛合金等非铁磁性的管、棒、线材，则不需要磁化装置。对于零部件的手动涡流探伤，磁化装置、机械传动和记录装置都不是必备的，因此标准中关于涡流仪器设备组成的表述中使用了“一般”二字，即隐含了可针对具体检测对象灵活地配备涡流检测设备的意思。

标准 5.5 条关于“仪器设备的选择”中针对不同类型产品，规定了仪器与线圈的选择要求和探伤方式的选择。这部分内容是该标准最为重要的核心内容，也是学习涡流检测技术、掌握涡流探伤技能和熟悉本标准要求的重要内容之一。

2）对比试样的制作与选择。标准 5.3 条关于“试样”中对标准试样和对比试样分别进行了定义和严格地区分，并提出了对标准试样应定期鉴定的要求。这两方面的内容在国内其他涡流探伤标准中是没有的，由此可以体现出该标准的先进性、合理性，也体现了军工部门对与产品检验质量相关的重要影响因素控制得更加严格。

标准附录 A、B 中给出了多种带有槽型伤和孔型伤对比试样的示意图，供采用不同形式（包括放置式、外穿过式、内穿过式）检测线圈探伤时选择。

3）试验条件的调整。有关试验条件调试的要求在标准的 5.6 条“检测频率的选择”和 5.9 条“仪器设备综合性能的调试程序”中做出了规定。检测频率、相位和增益是涡流探伤中调整仪器最重要的三项参数。由于本标准主要是针对采用外穿过式线圈检测管、棒、线材的涡流自动探伤系统提出仪器设备综合性能调试的步骤与要求，因此对于相位参数的调整要求未加以规定，这一点对于采用放置式和内通过式线圈实施涡流检测，并根据检测信号相位角评价缺陷的情况是不能满足的。

附录C给出了导电性不同的多种材料的板、管、棒（线）材涡流探伤时确定检测频率的预选表。所谓预选表，即意味着不能作为工作频率的选定表。一方面，表中对应某种材料或规格管、棒、线材给出的频率不是唯一确定的值，而是一个频带，甚至这一频率范围还很大，因此必须在推荐的范围内做进一步的选择；另一方面，检测要求的不同，如关注缺陷大小的程度差异和关注缺陷位置的不同，都会对频率的选择有较大的影响。在频率选择的实际操作中，应根据检测要求和被检测对象的具体情况，选择或制作合适的对比试样，通过比较试验然后在附表中给出的预选频率范围内确定最佳的检测频率。在选定的检测频率条件下，利用对试样上的人工伤，按5.9.1条规定进行检测灵敏度（即增益参数）的调整。

4）检测的实施。在检测设备综合性能调试完成后，进入到产品或零件的检测过程。在实施连续探伤工作时，应注意每隔一定时间（5.10.3条规定为2h）和检验结束时利用对比试样对检测仪器设备的稳定性进行期间核查，以防止因仪器设备出现故障（主要指通过正常观察不能发现的问题）而导致错误的检验结果。如果通过期间检查发现或怀疑检测仪器存在问题，应重新调试仪器设备，对不能确认是在正常工作状态下检测的产品重新进行检验。

（2）GB/T 4956—2003《磁性基体上非磁性覆盖层 覆盖层厚度测量 磁性法》该标准是将ISO 2178—1982标准翻译转换，并按照目前国家标准编写格式编写而成。它是基于永久磁铁与铁磁性金属基体之间由于存在不同厚度覆盖层而引起磁引力变化的物理原理，或以测量线圈因与铁磁性金属基体之间距离不同而接收感应磁场强度不同的物理现象为基础，对非磁性覆盖层厚度进行测量的电磁测厚方法。需要说明的是，目前应用磁性方法材料覆盖层厚度的仪器绝大多数是利用后一种原理，而基于永久磁铁与铁磁性金属基体之间磁吸引力大小进行覆盖层厚度测量的仪器仅占磁性测厚仪总数的不到10%。

该标准第4章中列举了影响利用磁性方法测量非层性覆盖厚度精度的13项因素。在这13项影响测量精度的因素中，应特别关注的是4.1条“覆盖层厚度”、4.2条“基体金属的磁性”、4.3条“基体金属的厚度”、4.5条“曲率”、4.6条“表面粗糙度”、4.11条“覆盖层的电导率”和4.12条“测头压力”。

1）覆盖层厚度的影响。磁性测厚方法是建立在覆盖层厚度改变会引起磁吸引力或磁感应强度变化这一物理原理基础上的。将覆盖层厚度作为测量影响精度的因素，是指测量精度随覆盖层厚度的变化而变化，并且这种变化（即影响程度）与测厚仪（仪器检测线圈与测量电路结构）相关。所谓“对于薄的覆盖层，测量精度是一个常数”是指覆盖层厚度小于10μm的情况，尤其是5μm以下覆盖层的厚度，这种偏差是由测量仪器自身的系统误差带来的。对于厚的覆盖层，一般可理解为厚度在10μm以上的覆盖层。标准中的“其测量准确度等于某一近似恒定的分数与厚度的乘积”表述了这样一个物理现象：测量的相对误差近似为一常数，而绝对误差明显地随被测量覆盖层厚度的增加而增大。例如，如果测量相对误差为5%，则对于20μm和200μm镀层测量的绝对误差分别为1μm和10μm。

2）基体金属磁性与厚度的影响。不同铁磁性材料的磁特性（如磁导率）往往存在很大差异，并且同一铁磁性材料在不同热处理状态或经过不同冷加工工艺后，其磁特性也会出现显著的差异，而材料铁磁性的差异会直接影响对永久磁铁或检测线圈的磁作用，因此要减小或消除磁特性不同带来的显著影响，必须采用与被测覆盖层下基体材料具有相同或相近磁特性的材料作为基体进行仪器的校准。由于线圈式测厚仪所采用的检测频率很低（通常在几百赫兹或更低），磁场在被测量覆盖层下铁磁性基体材料中的分布状态在一定范围内与基体厚度密切相关，当基体金属厚度达到某一值时，这种由厚度不同带来的影响才能减小到可以忽略的程度，这一概念实质上与涡流有效透入深度是一致的。基体厚度的这一临界值可以从仪器的使用手册中查到，一般采用厚度大于 5mm 的铁磁性材料作为校准仪器的基体金属试块。

3）曲率的影响。无论是涡流法还是磁性法，曲率不同对测量结果的影响都是十分显著的，因此测量曲面上覆盖层厚度时应特别注意，尤其是测量具有不同曲率试件上的覆盖层厚度。曲率的影响有以下几方面特点：①影响显著，较小的曲率差异对测量结构的影响程度明显不同；②影响范围大，在相当大的曲率半径范围内，曲率不同的影响一直是存在的；③不同方向上曲率的不一致依然会给沿不同方向进行的测量带来不同程度的影响。例如，采用双极测头的仪器测量具有不同直径球体表面和柱体表面覆盖层时，即使材料为各向同性，测量结果仍然是不同的，并且在圆柱表面沿平行于轴线方向和垂直于轴线方向上进行测量所得结果也会有差异。要减小或消除由曲率不同带来的影响，必须在与被测对象（准确地说是被测量点）完全一致的曲率条件下进行仪器校准。

4）表面粗糙度的影响。标准 4.6 条针对“在粗糙表面上的同一参考面积内所测量的系列数值明显地超过仪器固有的重现性”这种情况，规定了具体的测量实施方法“所需的测量次数至少应增加到 5 次。”增加测量次数是减少或消除随机误差的手段，而对于“明显地超出仪器固有的重现性”这一情况更主要是由于系统误差带来的问题，增加测量次数并不是根本的解决途径，严格地说，这种影响是客观存在且无法消除的。对以下两个极端的例子进行分析，可能有助于对该问题的理解。

把问题夸大进行分析，就比较容易理解在粗糙表面上无法进行准确测量的问题，但在实际工作中，这类问题是经常出现的，如图 7-1 所示。不仅是覆盖层厚度的测量存在这类问题，而且对不带覆盖层零件的尺寸进行机械测量时也存在该类问题。委托方常常对送来的表面极其粗糙的样品提出很高精度的测试要求，这就属于该类问题或错误。

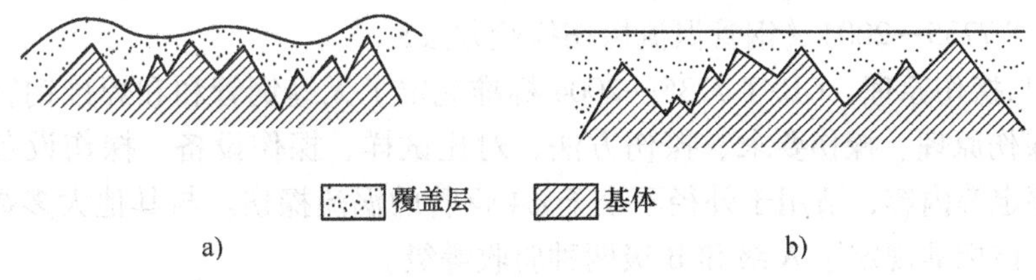

图 7-1　典型的覆盖层（包括基体）表面粗糙状况

5）覆盖层电导率的影响。磁性测厚是利用永久性磁体或测量线圈与覆盖层下金属基体材料之间的磁作用实现的。虽然低频交流线圈在铁磁性金属基体中也会产生涡流，但由于工作频率很低，感生涡流的密度也就很小，和线圈与基体材料之间的磁作用相比，涡流再生磁场的反作用足够小以至可以忽略。当检测频率较高（如 4.11 条所述 200～2000Hz）时，特别是对于导电性能较好的金属镀层（如铜、银），在镀层中会产生密度较大的涡流，并由此形成影响基体对测量线圈磁作用的感应磁场。

（3）GB/T 4957—2003《非磁性基体金属上非导电覆盖层　覆盖层厚度测量　涡流法》

该标准是将 ISO 2360—1982 标准翻译转换，基于涡流检测中的提离效应，按照目前国家标准编写格式编写而成。

1）基体金属电性能的影响。受方法原理的限制，涡流测厚技术仅可用于非铁磁金属基体上非导电覆盖层的测量。非铁磁性材料的相对磁导率 $\mu_r=1$，金属基体的磁特性对涡流检测线圈的作用是相同的，对非导电覆盖层厚度的影响是一致的，因此涡流测厚技术不考虑基体材料磁特性的影响，而仅关注非铁磁性材料电性质的差异。基体导电性质的差异会带来两个方面的影响：一方面是由于电导率不同产生的直接作用，测量线圈感应电磁场的强度不同；另一方面是影响涡流的渗入深度，造成金属基体的临界厚度不同。

2）探头放置的影响。鉴于探头的放置方式对测量有影响，标准 4.9 条规定："探头在测量点处应该与测试表面始终保持垂直。"若涡流探头与试样表面不垂直，则二者之间的电磁耦合状况必然与垂直条件下的情况不同，从而得到不一致的测量结果，这一点是容易理解的。探头放置方式的改变同样会影响磁性方法的测量结果，这一点在使用时也应注意。

3）试样变形的影响。GB/T 4957—2003 标准将"试样的变形"作为独立的影响因素提出，有其必然性和必要性，主要由以下两方面原因所致：首先，涡流法采用非常高的检测频率，因而对金属基体的临界厚度要求低，通常达到几十微米的厚度即可满足要求，而磁性法采用非常低的工作频率，基体金属一般要达到几个毫米的厚度；其次，非铁磁性材料的刚度一般低于钢材材料。从上述两方面因素出发，GB/T 4957—2003 针对薄的、容易变形试样上覆盖层的测量做出了以下说明：在这样的试样上进行可靠地测量可能是做不到的，或者只有使用特殊的测头或夹具才可能进行，否则会因被测试样发生不同程度变形而引发电磁耦合不一致的影响。

4）温度的影响。在常温状态下，温度变化对金属导电性能的影响比较明显，而对材料磁特性的影响较小（居里点温度除外），因此采用基于基体导电性的涡流方法标准对环境温度提出了要求，而以材料磁特性为基础的磁性测厚方法则不十分关注环境温度的影响。

GB/T 4957—2003 标准中关于仪器的标准（包括标准片的分类、选用等）、检验及操作程序等方面的要求和规定与 GB/T 4956—2003 标准的相关内容很相近，此处不再赘述。

（4）GB/T 7735—2004《钢管涡流探伤检验方法》

1）范围与探伤原理。GB/T 7735—2004 标准规定了无缝钢管和和焊接钢管（埋弧焊管除外）涡流探伤原理、探伤要求、探伤方法、对比试样、探伤设备、探伤设备运行和调整及探伤结果评定等内容，适用于外径不小于 $\phi4$ 钢管的涡流探伤。与其他大多数涡流探伤方法有所不同，该标准规定了 A 级和 B 级两种验收等级。

该标准的第 3 章"探伤原理"3.2 节关于探伤结果的判定有以下阐述：系借助于对比试样上人工缺陷与自然缺陷显示信号的幅值对比，即为当量比较法。对比试样被用来对钢管涡流探伤设备进行设定和校准。认真分析和研究这一表述，可以对涡流检测技术得到更深入和准确的理解。首先，要明确自然缺陷的大小是根据自然缺陷显示信号幅值与人工缺陷信号幅值的对比加以评价的，是一间接的当量比较法，而不具有绝对的直接可比性，即不能直接由自然缺陷显示信号的幅值高低判定自然缺陷的实际大小，这是因为自然缺陷的形状与大小并不像孔型或槽型人工缺陷那样具有规则的形状和尺寸，而是在取向、形状、位置、尺寸及电磁特性等方面有千差万别，这些因素均有可能影响缺陷显示信号的大小和形状。其次，现有的涡流探伤技术（包括其他常规无损检测方法）不可能全面准确地对自然缺陷的取向、形状、位置、尺寸及电磁特性等参数予以量化，因此只有借助于与试样上形状和大小可量化描述的人工缺陷信号的响应信号幅值的对比来表征。再次，尽管基于当量比较法判定自然缺陷的实际大小是不合理的，甚至可能是错误的，但由于“对比试样被用来对钢管涡流探伤申报进行设定和校准”，实际上仍是以当量比较的结果来判定被检测管材的质量等级，即以自然缺陷显示信号的幅值大小作为自然缺陷真实尺寸的大小进行质量评价。

以上分析也透露出这样一个值得注意的信息：缺陷信号的评价与判定仅仅基于信号的幅值，而丝毫未涉及缺陷信号的另一个至少是同等重要的参量——相位。如果最新版的 GB/T 7735—2004 标准是等效采用 ISO 9304—1989 标准的相关内容，可以说明 20 世纪 80 年代末涡流探伤技术的一般国际水平未达到广泛采用阻抗分析技术的程度，同时也说明进入 21 世纪后，我国的钢管涡流探伤水平仍未逾越仅针对涡流信号幅度作单参数分析的阶段。

2）探伤方法与对比试样人工缺陷形式。标准第 5 章“探伤方法”针对焊接管和不同直径范围的无缝钢管规定了三种探伤方法：外穿过式线圈检测法、旋转钢管扁平式线圈检测法和扇形线圈式检测法。其中外穿过式线圈不适合用于直径超过 ϕ180mm 的无缝钢管，扇形线圈式检测技术仅适用于焊接钢管焊缝区域的探伤。对应上述三种探伤方法，分别制作不同形式人工缺陷的对比试样：①采用外穿过式线圈时，试样人工缺陷形状为通孔；②采用钢管旋转扁平式线圈时，试样人工缺陷为通孔或槽口；③采用扇形式线圈涡流探伤检测焊缝的，试样人工缺陷形状为通孔。

3）探伤设备及其运行与调整。标准第 7 章“探伤设备”7.1 条规定了涡流探伤系统的组成，7.2 条提出了按 YB/T 4083—2011 规定的方法对使用穿过式线圈的涡流探伤系统进行综合性能测试。GB/T 7735—2004 标准是几个关于管材涡流探伤方法的国家标准中唯一一个对探伤系统提出综合性能测试要求的标准，该项要求在 1995 年版标准中没有提出，由此可以说明随着无损检测技术的发展和对产品质量要求的提高，人们更加关注无损检测器材本身性能的优劣和检测结果的可靠性。

标准第 8 章“探伤设备运行和调整”中的以下有关规定与要求应予以特别的注意：①不论是带有三个沿周向方向以 120°等角度间隔的对比试样一次性通过检测线圈，还是用带有一个孔伤的缺陷的对比试样分别以 0°、90°、180°和 270°依次通过检测线圈的方式，均以得到的最小信号的幅值为准设置检测系统的报警电平。②探伤过程中试验条件一定要与采用对比试样调整探伤系统时的试验条件完全一致，包括检测频率、增益、相位角、滤波参数、磁饱和强度以及检测速度。③检测设备连续工作时，每隔 4h 用对比试样进行期间核查，若发生不确定的情况或出现问题时，要按相关规定对可疑产品重新进行探伤。

4）探伤结果的评定。特别值得注意的是，标准第 9 章“探伤结果的评定”将涡流探伤的钢管首先分为两类，一类是合格钢管，另一类是可疑钢管，而不存在不合格钢管。在 9.3 节“可疑钢管的处置”中，提出可以采用一种或多种措施，包括修磨、切除后重新进行涡流探伤和采用其他无损检测方法复验，然后根据重新探伤的结果将可疑类的钢管评定为合格钢管和不合格钢管。上述谨慎的做法反映了涡流探伤的特点，即涡流检测方法是一种检测灵敏度较高的技术方法，多方面的因素都可能会引起涡流的响应，如成分不均匀，外形尺寸变化、传动系统振动以及外界电磁场干扰等，因此在重新进行涡流探伤时，应注意设法消除或减小上述因素的影响。

（5）JB/T 4730.6—2005《承压设备无损检测 第 6 部分 涡流检测》 该标准是对 JB

4730—1994《压力容器无损检测》标准作了较多内容的修订和补充后发布实施的，其适用范围由 1994 版标准的压力容器扩大至包括锅炉、应力容器和压力管道等检测对象的承压设备，其第 6 部分涡流检测也随标准使用范围的扩大和涡流技术应用的发展增加了许多内容。下面就该标准涡流检测部分较 1994 版的主要变化情况和增加的技术内容简要加以说明。

1）与 JB 4730—1994《压力容器无损检测》标准相比较的主要变化如下：

①1994 版标准主要包括承压设备制造、安装中圆形无缝钢管及焊接钢管、铝及铝合金冷拉薄壁管、铜及铜合金和钛及钛合金管的穿过式涡流检测，主要是指管材的质量控制和制造检验。本标准则既包括管子质量控制和制造检验也包括了管子的在用检测。

②对铁磁性金属管材产品的涡流检测标准试样作了部分改动和改进。

a. 1994 版标准采用两组通孔，一组为 d_a 标准孔，一组为 d_b 标准孔，用每组中的 3 个通孔来调节检测灵敏度；本标准采用两个验收等级：等级 A 和等级 B，其相应的孔径尺寸也和 1994 版标准不同。

b. 本标准考虑到涡流检测的端部效应，除和 1994 版标准相近的 3 个孔以外，增加了在样管的两端钻制两个通孔的规定。

c. 本标准采用的检测线圈形式要比 1994 版标准多，此外，本标准还增加采用矩形槽作为人工反射体。

也就是说，修订后的标准对铁磁性金属管材的检测灵敏度和 1994 版标准实际上并不一致。

③对非铁磁性金属管材产品的涡流检测标准试样作了部分改动和改进。

a. 1994 版标准采用两组通孔，一组为 d_a 标准孔，一组为 d_b 标准孔，用每组中的 3 个通孔来调节检测灵敏度；本标准中铜及铜合金和铝及铝合金采用一组通孔，而钛及钛合金只采用同一个孔径的通孔来调节检测灵敏度。

b. 本标准考虑到涡流检测的端部效应，除和 1994 版标准相类似的 3 个孔以外，增加了在样管的两端钻制两个通孔的规定。

也就是说修订后的标准对非铁磁性金属管材的检测灵敏度也和 1994 版标准不一致。

④1994 版标准是将无缝钢管及焊接钢管、铝及铝合金冷拉薄壁管、铜及铜合金和钛及钛合金管用一种方法（两组通孔）来调节灵敏度，而本标准则是将各种不同材料的管材用不同的尺度来调节灵敏度。

2）新增加的相关内容

①增加了采用远场涡流检测方法检测在役铁磁性钢管。石化行业大量的高温高压空冷器的碳钢和低合金钢管束，其外壁缠绕着翅片，定期检验时，采用其他检测方法几乎都无法进行检测，对于这样的碳钢和低合金钢管束，通常只能采用远场涡流检测方法由内壁检测在用铁磁性钢管，但长期以来国内一直没有相应的标准规范。

对于在役铁磁性钢管涡流检测，本标准参照 ASME 第 V 卷和 ASTM E2096 标准作出相应的规定。其适用范围为外径 ϕ12. 5 ~ 25mm、壁厚为 0. 7 ~ 3mm 的铁磁性钢管的远场涡流检测。远场涡流检测技术是一种穿透金属管壁的低频涡流检测技术。探头一般为内穿过式，由激励线圈与检测线圈构成，以实现对钢管内、外壁缺陷的检测。本标准规定检测仪器采用电压平面显示方式，实时给出缺陷的相位、幅值等特征信息，可将干扰信号与缺陷信号调整在易于观察及设置报警区域的相位上。采用的检测探头为绝对检测线圈和差动检测线圈以及多点式检测线圈，检测线圈的探头必须具有合适的直径，应能顺利通过所要检测的管子，并具有尽可能大的填充系数。对比试样管人工缺陷主要为圆底孔、通孔、周向窄凹槽、周向宽凹槽、单边缺陷（Ⅰ型对比试样管的单边缺陷和Ⅱ型对比试样管的单边缺陷）。缺陷特征对比试样管包括通孔、圆底孔和平底孔——用于表征凹陷型缺陷；周向凹槽——用于表征大面积均匀减薄；单边缺陷——用于表征局部减薄。

本标准试图通过对在役碳钢和低合金钢管束各类缺陷的模拟，来调节检测灵敏度，以检出类似缺陷，满足承压设备安全长周期运行的要求，这些内容都远远地超出1994版标准的范畴。

②增加了在役非铁磁性管的涡流检测方法。目前，国内有关工业行业（如石油、化工、核电、电力、船舶）存在大量外壁无法接近或无法检测的在役非铁磁性管，这类管子的安全使用要求给涡流检测技术带来很大的挑战。本标准参照ASME第Ⅴ卷和ASTM E690标准对此作出相应的规定。

本标准规定采用内穿过式线圈与涡流探伤仪组合检测在役非铁磁性管，仪器设备应具备检出裂纹、腐蚀坑和重皮等缺陷的能力，同时还应具备测量、分辨管子壁厚均匀减薄的能力。本标准采用的Ⅰ型对比试样包括1个贯穿管壁的通孔、4个深度为壁厚20%的平底孔、1个360°的周向切槽（深度为壁厚的20%）以及1个360°的周向切槽（深度为壁厚的10%）。Ⅱ型试样包括1个穿透壁厚的孔、1个外壁平底孔（孔径为ϕ2.0mm，深度为壁厚的80%）、1个外壁面平底孔（孔径为ϕ2.8mm，深度为壁厚的60%）以及4个外壁平底孔（孔径为4.8mm，深度为壁厚的20%）。Ⅲ型对比试样用于测试系统检出壁厚均匀减薄、长条形缺陷的能力，该试样包括1个360°的周向切槽，1个纵向切槽（槽宽为0.2mm，长度为3mm～5mm，深度为壁厚的20%）和1个纵向切槽（槽宽为0.2mm，长度为200mm，深度为壁厚的20%～30%）。

第8章 涡流检测工艺

8.1 涡流检测方法与应用

1. 检测方法分类

（1）根据检测线圈分

1）外穿式线圈检测法：使试件从检测线圈内穿过来检测试件表面缺陷情况或物性变化。这种方法主要用于检测管材、棒材和线材等试件，对于管材外壁缺陷灵敏度较高，内壁缺陷灵敏度较低。

2）内穿过式线圈检测法：使检测线圈从试件内孔通过来检测试件孔壁缺陷情况或物性变化。这种方法主要用于检测厚壁管或其他工件内孔。

3）放置式线圈检测法：检测线圈放在试件表面上进行检测。这种方法主要用于检测板材、大型工件和形状复杂的工件。

（2）根据检测原理分

1）阻抗分析法：根据试件缺陷或物性变化引起线圈阻抗幅值和相位变化来进行检测。

2）感抗分析法：根据试件缺陷或物性变化引起线圈感抗幅值变化来进行检测。

3）调制分析法：根据试件缺陷信号与干扰信号持续时间和频率不同来进行检测。一般缺陷信号比干扰信号持续时间短、频率高。

（3）根据信号处理方法分

1）相位分析法：根据试件缺陷信号与干扰信号的相位差来进行检测。

2）频率分析法：根据试件缺陷信号与干扰信号的频率不同来进行检测。

3）振幅分析法：根据试件缺陷信号与干扰信号的振幅不同来进行检测。

2. 涡流检测的应用

（1）检测试件缺陷　根据试件缺陷引起检测线圈阻抗或电压幅值和相位变化来判别试件表面的缺陷情况。由于涡流具有趋肤效应，因此涡流检测一般只能检出试件表面或近表面缺陷，主要用于棒材、线材、板材和管材等试件的自动在线检测。

（2）测试材料物性　根据试件材料物性变化引起检测线圈阻抗或电压变化来测试材料电导率、磁导率、硬度、强度和内应力等情况。

（3）材料分选　根据不同材料的电导率和磁导率不同，引起线圈阻抗幅值或相位发生变化来实现材料分选，将规格相同、牌号不同的钢种或有色金属分离出来。

（4）测量壁厚　当管材或板材厚度发生变化时，检测线圈阻抗会发生变化，据此可以测量某些试件的壁厚、金属材料上非金属涂层或铁磁材料上非铁磁材料涂层的厚度以及管材或棒材直径、椭圆度等。

8.2　涡流检测工艺操作

1. 检测前的准备工作

（1）清理对比试件　涡流检测前，应清除试件表面的氧化膜、金属粉末和其他附着物，特别是试件上吸附的铁磁性物质，并校正弯曲变形的试件，以消除由此产生的各种干扰信号，避免误判。

（2）确定检测方法　涡流检测前应了解试件的材质、加工方法、结构尺寸及检测要求，确定正确的检测方法，并合理选择仪器和线圈。

（3）调节传送系统　有传送系统的涡流检测仪，检测前应调节传送系统的送进速度，使试件对准中心，尽量减少振动，使试件平稳匀速送进。

（4）选择对比试件　根据涡流检测要求和有关标准，选择符合要求的对比试件，并确定判断标准。

（5）准备有关图表和资料　涡流检测用到的图表和资料要事先准备好，如待测试件的零件图、检测要求、有关检测标准等。

2. 确定检测频率

（1）选择检测频率的原则　涡流检测的灵敏度在很大程度上依赖于检测频率，材质、形状、尺寸不同的试件应选用不同的频率。一般选择实验频率时要考虑以下原则：

1）趋附效应。涡流是一种交变电流，存在趋肤效应，电流在导体中的渗透深度$\delta = 1/\sqrt{\pi f \mu \sigma}$，深度$\delta$随电流频率$f$的增大而减小。当试件检测深度有要求时，就要根据检测深度来确定频率的选取范围。

2）检测灵敏度。在涡流检测中，频率的高低会影响线圈与试件之间的耦合效率。频率低，检测灵敏度低，小缺陷不容易检出。

3）线圈阻抗。检测线圈阻抗幅值变化量的大小与频率比f/f_g有关。例如，用穿过式线圈检测非磁性圆柱体或管形试件时，不同深度的表面裂纹引起的阻抗变化与f/f_g之间的关系曲线如图 8-1 所示。

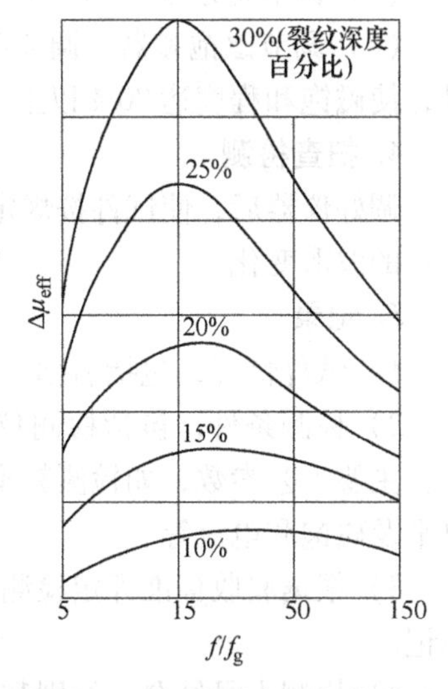

图 8-1　裂纹深度与f/f_g的关系

由图 8-1 可知，不同深度的裂纹，阻抗或有效磁导率变化量最大时对应的f/f_g不同。对于深度较大的裂纹，$f/f_g = 15$左右时变化量最大；对于深度较小的裂纹，$f/f_g = 50$左右时变化量最大。

线圈阻抗相位变化量还与f/f_g有关，一般当f/f_g取值较小时，阻抗相位变化量较大。

（2）检测频率确定的方法

1）由有关图表确定频率比f/f_g最佳值K，$\Delta\mu_{eff}$最大时对应的f/f_g即为最佳值。

2）计算f_g：$f_g = \dfrac{5066}{\mu_r \sigma d^2}$。

3）计算f：$f = Kf_g$。

4）由 $\delta = 1/\sqrt{\pi f \sigma \mu}$ 校验检测深度是否符合要求。

3. 调节仪器

（1）仪器预运转　涡流检测前，仪器要预运转20～30min，稳定后才能调节仪器进行检测。

（2）调节电路平衡　利用对比试样无缺陷部位通过检测线圈将电桥线路输出调至零。

（3）调节相位　对于涡流检测中的相敏检波器，要调节仪器的相位使干扰信号的输出为零，抑制杂波，提取有用信号，增加信噪比。

（4）调节滤波器　试件缺陷信号一般频率较高，而试件材质、尺寸、振动等产生的干扰信号多为低频。调节滤波器使某一频率的有用信号通过，而将干扰频率信号及其他杂波滤掉。

（5）调节拒斥器　调节拒斥器，消除幅度较小的干扰信号，提高信噪比。一般在相位和滤波器频率调节好后进行。

（6）调节灵敏度　检测灵敏度一般根据要求检测出的最小缺陷来确定。调节方法是将对比试样上人工缺陷信号大小调到规定电平，通常使人工缺陷波形指示高度达50%～60%即可。灵敏度调节在相位、滤波器和拒斥器调好后进行。

（7）调节记录仪　调节记录仪，使记录仪能记录对比试样上人工缺陷以上的缺陷信号。

（8）调节磁饱和器　调节磁饱和器，消除铁磁性材料未饱和时磁性不均产生的干扰信号，使磁饱和程度达80%以上。

4. 扫查检测

调好仪器后，使试件按规定的送进速度进行扫查检测，并注意观察分析判别器示波屏上显示的波形变化。

5. 记录

1）试件情况，包括名称、材质、规格、尺寸、数量、热处理状态和表面状态等。

2）检测条件，包括检测仪器及线圈的型号；对比试样的编号、人工缺陷的形式和尺寸；主要工艺参数，如检测频率f、试件送进速度、检测灵敏度、相位、滤波器频率、拒斥电平及磁饱和电流等。

3）根据验收标准评定检测结果，包括合格、不合格或待复查，并分别涂上不同的颜色标记。

4）检测人员姓名、级别和检测日期。

8.3　试件涡流检测

1. 金属管材检测

涡流检测在金属管材检验中应用较广，对于成批的管材，一般采用涡流自动检测装置进行检测。这种装置通常能自动报警、自动记录、自动分选和自动停车。检测线圈采用互感外穿式线圈，对于铁磁性材料，线圈外层还加有磁饱和线圈，利用直流电产生强磁场使试件磁化，其结构如图8-2所示。

对管材进行涡流检测时，线圈直径要略大于管外径，管件要与线圈同心，送进平稳，速度均匀。磁饱和电流不宜过强，否则试件推进困难。

涡流检测管材速度快、效率高，对管件纵向裂纹检出灵敏度高。但对周向裂纹检出困难，对大直径试件检测灵敏度低。为弥补上述不足，需要采用探头式线圈进行检测，这时探头在试件上移动轨迹为螺旋线。

常用的管材检测涡流仪有国产 WTSY-1 型、VF 型、WTS-100 型、F22 型等几种。

2. 金属棒、线、丝材检测

涡流检测是检测金属棒材、线材及丝材表面或近表面缺陷的重要方法。大批量棒、线材涡流检测设备与管材类似，区别在于为了检测出表面以下的缺陷，选择的工作频率较同直径的管材低一些。

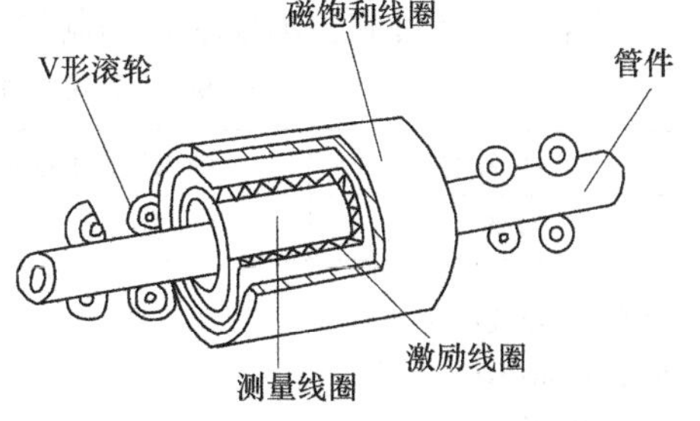

图 8-2　检测磁性管材的线圈

对于磁性棒、线材，所需的磁化电流比同直径的管材要大一些。例如，欲使 ϕ8mm 的钢棒达磁饱和，磁场强度需 12×10^4A/m，相同直径的薄壁管材则 6×10^4A/m 就足够了。

金属丝材较长，不便采用自动标记和报警等方法表示缺陷，而是采用统计方法评价丝材质量，如记录每 10m 或 100m 丝材上缺陷数目和总长。此外，丝材直径小，而频率比 $f/f_g=2\pi f\mu\sigma r^2$（$r$ 为丝材半径），为了保证足够的 f/f_g 值，必须采用较高的频率。如某公司制造的 2.704 型钨丝、钼丝，涡流检测频率高达 120MHz。

3. 零件或结构检测——飞机机翼下壁板腐蚀检测

（1）机翼下壁板腐蚀检测规程的制订

1）明确检测要求。检测要求主要包括以下几点：①机翼下壁板外表面（探测面）具有平整和面积大的特点，适于采用线圈尺寸较大的平探头；②腐蚀缺陷的特征与涡流响应的特点，通常腐蚀形成的区域较大，腐蚀的深度（检测关注的目标）由中心区域到边缘区域呈缓慢减小的特征，对于这种变化，差动式线圈的响应不如绝对式线圈显著。

2）依据标准选择。如果飞机机翼下壁板腐蚀的检测还没有适用的标准可参照，则可以在检测规程引用文件一栏中空缺。若认为某项涉及零件检测技术的标准可供参考，也可以选用该标准作为引用文件。

3）明确对比试样的制作要求。对比试样人工缺陷的制作要求包括缺陷形式、加工部件及大小。这些要求是根据检测要求和涡流检测能力确定的，人工缺陷的制作形式应该能够体现出腐蚀缺陷的代表性。

4）确定选用仪器要求。仪器性能要求主要应考虑以下几点：①便携性；②供电方式，由于外场作业，如果不能方便地获得电网的供电，则应要求仪器能以干电池供电的方式工作；③检测线圈连接插口要求；④工作频率范围，机翼壁板具有一定的厚度，仪器和线圈的工作频率范围应与之相适应；⑤提离抑制性能；⑥信号响应方式，必要时应提出阻抗平面显示要求；⑦报警方式，如果实操检测过程中不便于持续观察显示信号，仪器应具有声或光报警的功能，这一点尤为必要。

5）确定检测线圈的要求。检测线圈的选择对于保证检测结果的准确、可靠尤为重要。

6）提出检测人员资格要求。实施机翼下壁板涡流检测的人员应具有涡流检测Ⅰ级或以上资格。如需要对检测结果出具检测报告，则不能由Ⅰ级人员独立实施检测工作。

（2）机翼下壁板涡流检测工艺卡示例　某型号客机在大修中多次发现中央机翼下壁板腐蚀，有的情况相当严重，直接影响飞机的安全飞行。该型号飞机中央机翼壁板材料为硬铝合金，厚度约为4mm。

检测要求：确定腐蚀深度，确定腐蚀的位置及面积大小。

根据上述条件和检测要求，编制检测工艺卡（见表8-1）

表8-1 某客机中央机翼下壁板涡流检测工艺卡

零件名称	中央机翼下壁板	材　料	2Al2
仪器	M12-20A	探头及编号	
仪器检测参数： 频率：$f=800\text{Hz}$ 相位：$P=273°$ 增益：$G=72\text{dB}$ 垂直/水平比：$V/H=2.0$ 线圈形式：Absolute（绝对式）		对比试样：C201A320-14 试样上部分 拧紧螺栓 人工裂纹 (3条槽伤) 试样下部分	
检测步骤： 1）开机、仪器自检 2）检测参数设置与调整 3）用平探头扫查对比试样，获得深度为1mm、2mm、3mm平底孔的相应信号 4）下壁板机翼翼展方向扫查下壁板，扫查速度不大于3m/min 5）重复扫查出现异常信号部位，并记录缺陷的部位、大小及深度 6）连续工作时，每隔1h核验仪器工作状态是否正常		零件示意图及扫查方式：	
备注（必要时）： 当根据扫查方式获得的响应信号不容易判定腐蚀深度时，可参考利用检测线圈在该位置的提离信号的相位角进行判定			
编制/日期/级别	审核/日期/级别	批准/日期	
×××/200×-××-××Ⅱ级	×××/200×-××-××Ⅲ级	×××/200×-××-××	

8.4 试件材质性能涡流测试

1. 非磁性材料

非磁性材料的相对磁导率 $\mu_r=1$，因此材质性能一般通过电导率变化来测定和鉴别。

（1）金属杂质含量的鉴别　金属的纯度与电导率密切相关，当金属含少量杂质时，其电导率就会急剧下降。杂质对铜电导率的影响如图6-27所示。铜中P、Fe、Si等杂质含量增加，其电导率显著下降。因此，利用涡流测定电导率的变化，可以判别铜中杂质的含量。

（2）材料硬度的鉴别　材料相同的试件，热处理状态不同，组织结构和硬度不同，电导率也不一样。利用涡流测定材料的电导率可以鉴别其硬度差异。

材料的强度与电导率也有一定的关系，利用涡流可以测定材料的强度，例如，钛合金Ti6Al4V就是利用涡流导电仪测定其电导率、评价其机械强度的。

（3）材料分选　在材料仓库或生产现场，容易将材质不同、规格外形相同的材料混在一起。利用涡流测定材料的电导率、磁导率差异，可以将不同材料分选出来。

一般涡流探伤仪都可以用于材料分选，只是注意合理选择工作频率，试件壁厚不得小于涡流渗透深度的三倍，环境温度要稳定，试件表面状态要符合要求，以便减少测量误差。

2. 磁性材料

磁性材料的磁效应比电导率效应大得多，因此一般利用磁特性来测定材料的性能。根据材料磁化程度不同分为弱磁化法与强磁化法两种。

弱磁化法是利用初始磁导率作为测量变量来评价材质性能，涡流探伤仪 FQR7505 就用于这种情况。强磁化法是利用磁滞回线中的饱和磁感应强度 B_m、剩磁 B_r、矫顽磁力 H 等材质敏感量作为测量变量来评价试件的组织成分、热处理状态、机械性能和材料分选。国产钢种分选仪 GC1 就是强磁化法检测仪。

由于影响测试结果的因素较多，除材质外，还有温度、试件尺寸、外磁场强度等，因此检测时要尽可能使各非检测因素保持不变，选取与被检项目成线性关系的变量，以便提高信噪比。

参 考 文 献

[1] 杨世维. 涡流无损检测 [M]. 沈阳：辽宁教育音像出版社，1998.
[2] 任吉林，林俊明，徐可北. 涡流检测 [M]. 北京：机械工业出版社，2013.